产品经理的AI实战

人工智能产品和商业落地

车马 著

電子工業出版社
Publishing House of Electronics Industry
北京•BEIJING

内 容 简 介

如今，有关人工智能的书大多属于两种类型：一种是面向公众进行人工智能科普的书；另一种是针对专业技术人员的纯技术书。这两种书虽然产品经理都可以阅读，但他们更迫切需要第三种书——从商业的角度讲解人工智能，以产品的方式让人工智能落地应用的书，而本书正属于这种类型。

本书具有针对性强、系统性强、实操性强、原创度高的特点。本书共分为三篇，第一篇是基础篇，第二篇是合格AI产品经理篇，第三篇是高级AI产品经理篇，均从商业的角度对人工智能进行了讲解。

本书既适合互联网产品经理或希望转行做人工智能产品经理的技术人员阅读，又适合对人工智能的应用、产品、商业模式感兴趣，想系统了解的人士阅读，如企业家、创业者等。

图书在版编目（CIP）数据

产品经理的AI实战：人工智能产品和商业落地 / 车马著.－北京：电子工业出版社，2020.6

ISBN 978-7-121-38779-1

Ⅰ.①产… Ⅱ.①车… Ⅲ.①人工智能－研究 Ⅳ.①TP18

中国版本图书馆CIP数据核字（2020）第043283号

责任编辑：林瑞和　　特约编辑：田学清
印　　刷：涿州市般润文化传播有限公司
装　　订：涿州市般润文化传播有限公司
出版发行：电子工业出版社
　　　　　北京市海淀区万寿路173信箱　　邮编：100036
开　　本：720×1000　1/16　印张：14.75　字数：257千字
版　　次：2020年6月第1版
印　　次：2025年4月第4次印刷
定　　价：59.00元

凡所购买电子工业出版社图书有缺损问题，请向购买书店调换。若书店售缺，请与本社发行部联系，联系及邮购电话：（010）88254888，88258888。

质量投诉请发邮件至zlts@phei.com.cn，盗版侵权举报请发邮件至dbqq@phei.com.cn。

本书咨询联系方式：010-51260888-819，faq@phei.com.cn。

本书献给我的儿子“至尊宝”。

你是我最重要的“产品”，希望你成为人工智能时代的人生赢家。

【读者服务】

扫码回复：（**38779**）

- 获取博文视点学院 20 元付费内容抵扣券
- 获取免费增值资源
- 获取精选书单推荐
- 加入读者交流群，与更多读者互动、与本书作者互动

【本书配套视频课程说明】

- 本书配有车马老师录制的配套在线视频课程，请扫码学习
- 超值视频课=线上授课+社群答疑+学员互助
- 让你更轻松掌握知识

前　言

简单地说，人工智能（AI）就是人制造的机器所表现出来的智能。

三盘棋，两种结果

人工智能从诞生到现在已经经历了 60 多年的风雨，比互联网的历史要长得多，其在 20 世纪曾经短暂地掀起过两次热潮，但很快就进入了漫漫寒冬。人工智能和下棋似乎很有渊源，人工智能机器与人对弈，每下赢一种棋（如下图所示的西洋跳棋、国际象棋、围棋等），就会掀起一次热潮。

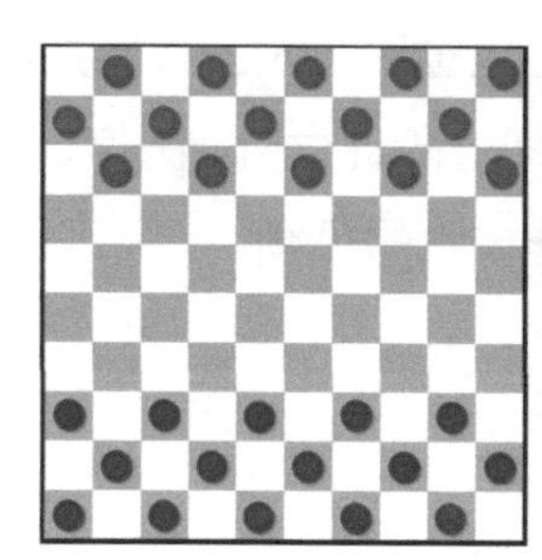

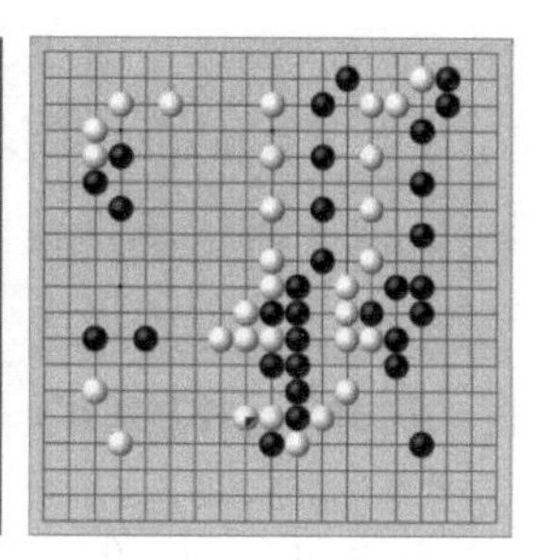

西洋跳棋、国际象棋、围棋

阿瑟·萨缪尔是“机器学习”一词的发明者。他编写了一个有学习能力的西洋跳棋程序，该程序于1962年战胜了美国著名的西洋跳棋冠军尼雷，引发了普通公众对人工智能的兴趣。

1997年，IBM的Deeper Blue战胜了国际象棋冠军卡斯帕罗夫，这再次激发了普通公众对人工智能的兴趣。

虽然这两次下棋都掀起了热潮，但大部分人认为机器不具备真正的智能，只不过是凭借不知疲倦的算力战胜了人。卡斯帕罗夫事后就要求与Deeper Blue再战，可见其心有不服。

围棋是很复杂的博弈棋类，一直被视为人类智能的一座高峰。在它面前，强大的计算机算力也显得非常渺小。对于人工智能的迅速发展，围棋又意味着什么呢？2017年，AlphaGo（阿尔法围棋，指围棋机器人）Zero战胜了世界排名第一的棋手柯洁，之后AlphaGo宣布不再与人类下棋。与卡斯帕罗夫的不服相反，柯洁的感叹是“对于AlphaGo的进步来讲……人类太多余了”。

这一次的人机对弈和前两次一样，又燃起了公众的热情。这一次的人机对弈和前两次又有不同，大大推进了人工智能技术的落地应用，前两次下棋虽然取胜，但人工智能却没有走出棋盘，这一次人工智能很快走出了棋盘并应用于众多领域。

2016年至2018年，人工智能的发展热潮来得如此强烈，其在学术、资本、产业、政策领域几乎是同步跃进的，这样的情景在技术应用史、技术商业史上是从来没有出现过的。相关部门在安防等社会治理领域大规模应用人工智能技术，为人工智能的发展提供了沃土。互联网大公司规模化地应用了人工智能并产生了明显效果，为人工智能的更广泛应用树立了样板和信心。除此之外，医疗、金融、制造、教育、农业等诸多领域也掀起了应用人工智能技术的热潮。

寒冬中，对春天的信心

虽然看上去很顺利，但是实际情况远没有那么理想。除少数几个应用领域进展顺利外，多数应用领域的进展远低于预期。受此影响，从2018年年底开始，除了学术领域的热情持续高涨，AI 领域的创业、投资、估值、应用热度都有了明显下降。进入 2019 年，多数 AI 技术公司面临的已经不是估值问题，而是生存问题。

已经有人忧心忡忡地提出“人工智能的第三个冬天是不是来了”。毕竟，人工智能此前已经经历过两个冬天，再来一个冬天又有什么奇怪的呢？而我却相信人工智能的春天已经在路上了，信心来源于以下几个方面。

（1）人工智能技术本身的成熟。前两次人工智能冬天的出现是由于技术本身不成熟，这导致人工智能几乎没有走出学术领域，甚至没有持续应用的案例。当前的人工智能技术在多个细分领域已经达到了很高的水平，也经过了大规模应用的检验，已趋向成熟。

（2）人工智能配套条件的大幅度改善。现在有了越来越低价、越来越强大的算力，还有源源不断的大数据，人工智能就有了强健的“体魄”和丰富的“粮食”，自然会越来越强大，这对人工智能在众多领域的应用非常有利。

（3）当前人工智能已经在多个领域投入使用，而且是大规模的、正式的商用。苹果、华为等企业已经将人工智能集成到小小的手机中，帮我们更容易拍出好照片，帮我们更快地找出包含特定人的照片，让我们无感解锁，让我们又快又安全地支付……除了这些应用，人工智能在安防、城市管理、客服等行业也已经被成功应用。这些成功案例给了我们很大的信心，我们的任务也变成了如何在更多领域去应用好人工智能。

这一次，真的不同！

人工智能同样遵循技术应用规律

除了上述具体的原因，我的信心更多来自技术应用的普遍规律。基本规律的作用域更广、更持久，让我们跳出人工智能，站在技术应用这个更高的层次来看一些基本规律。

我从应用角度总结出了技术应用的周期规律，该规律如下图所示。

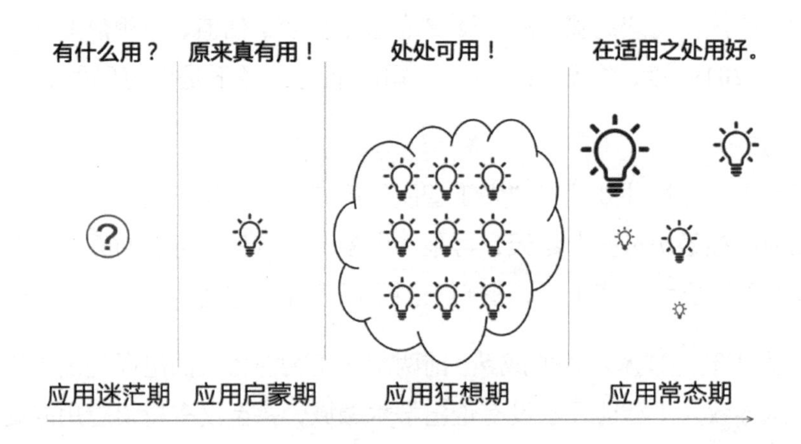

技术应用的周期规律

我们看到，一项新技术的实际应用会经过 4 个阶段。

第一阶段——应用迷茫期。在图中我们用一个大大的问号来表示大多数人不知道这项技术的用途。想想 20 世纪末互联网刚刚进入我国时，我国又有多少人知道互联网的用途呢？

第二阶段——应用启蒙期。在图中我们用放在某个位置的一个灯来表示技术在某个单点得到了应用，让大家看到这项技术是有用的，进而启发大家思考能否在其他地方进行应用。如果启蒙应用具有很强的社会影响力，技术应用就会极快地进入应用狂想期。以前的互联网是如此，2016 年至 2018 年的人工智能也是如此。

第三阶段——应用狂想期。在图中我们用众多的灯来表示技术的应用，外面的轮廓表明这些灯其实存在于大家的想象中。在此期间，大家认为这项技术简直是无所不在、无所不能的，于是各个领域都去尝试应用这项技术。“互联网+”“AI+”都是如此。

第四阶段——应用常态期。相比应用狂想期的灯，应用常态期的灯（代表应用）有了很多变化：

（1）有些灯消失了，表明有些在应用狂想期非常看好的应用领域，实际并不适合应用这项技术；

（2）有些灯亮了，但不大，表明应用成果低于预期；

（3）有些灯比应用狂想期的灯还大，表明有些应用成果高于预期；

（4）有些灯是新出现的，表明有些应用领域是大家当初都没有想到的。

进入第四阶段的互联网技术已经将上述规律表现得非常清楚，值得人工智能好好学习。对照上述规律，人工智能刚刚走完应用狂想期，正在进入应用常态期。所以，从行业发展、个人发展的角度，我想表达的是“对于人工智能应用来说，现在是最坏的时代，现在也是最好的时代”。

AI 的落地应用呼唤健全的人才组合

最初，在 AI 应用领域较受关注的人才是 AI 科学家和 AI 工程师。进入应用启蒙期和应用狂想期后，业界普遍认为“AI 技术人才+行业专家”这种人才组合才是最理想的，并且认为依靠这种人才组合可以让 AI 技术在某行业顺利落地并得到应用。这期间我们看到做医疗影像 AI 的公司招聘了医院影像科医生，做安防应用的 AI 技术公司招聘了公安技防专家。行业专家的加入确实带来了一些改变，行业专家了解行业，能为技术指明应用方向，因此对 AI 技术在行业落地应用起到了一定的作用。但在多数情况下，行业专家的作用并没有达到预期。

（1）AI 是一项全新的技术，只有深入理解它的本质并善加利用，才能使其应用成果达到预期，而行业专家对此并不擅长。

（2）行业专家长期处于某个行业中，因此产生了行业局限。而技术应用的很多场景是大幅改变甚至颠覆行业的，并且可能行业专家本身就是被颠覆的对象。行业专家可能会做出小改进，但难以做出大变革。

（3）从技术、行业经验到产品，这是一次飞跃，需要很强的产品规划能力。行业专家能指出行业的痛点、需求，但并不擅长专业的产品规划。

不理想的现实促使业界进一步思考，看来要想让AI技术顺利落地应用，除“AI技术人才+行业专家”的组合之外，还需要新的角色，这样才能形成健全的组合。我们还需要两类重要人才：AI产品经理和AI商业人才。AI应用需要的人才组合如下表所示。

AI技术人才	行业专家	AI产品经理	AI商业人才
AI科学家 AI工程师	行业专家	AI产品经理	AI创业家　AI企业家　市场人才　销售人才　运营人才

AI应用需要的人才组合

这样的人才组合的演变，在互联网技术的应用过程中已经完整地展现了。AI业界已经开始意识到这个问题。以DeepMind公司为例，该公司博士云集，各位创始人都有很强的技术背景。2018年，该公司引入了第一位COO（首席运营官），这才有了一位负责产品、运营的顶级高管。

相信AI产品经理等人才的加入会使AI应用需要的人才组合更加健全，从而真正促进AI应用的长期繁荣发展。

本书的目标读者

不同于AI普及书、AI通识书，本书有更明确的目标读者。

（1）未来的人工智能产品经理。他们现在可能是互联网产品经理，可能是对AI产品感兴趣的大学生、职场新人，也有可能是希望转行做AI产品经理的技术人员。

（2）对人工智能应用的场景、产品、商业模式感兴趣，想系统了解这些内容的人士。

本书的内容结构

本书的内容聚焦在当前的人工智能，讨论的是人工智能技术的落地应用，而不是技术本身。为了讲解清楚，我总共安排了 3 篇内容。

第一篇是 AI 技术与 AI 商业篇，讲解技术商业的基本规律、AI 技术的实质和边界、AI 的商业格局和应用现状。后面两篇的内容都以第一篇为基础来展开。

第二篇是合格 AI 产品经理篇，讲解合格 AI 产品经理的能力体系、AI 技术—场景的适配和 AI 产品规划。在本书中，第二篇占据了最大篇幅。

第三篇是高级 AI 产品经理篇，讲解高级 AI 产品经理的能力体系、AI 技术—场景的洞察和设计 AI 商业模式。

如果本书能够帮助读者形成对 AI 的系统认知，具备 AI 技术—场景的识别和洞察能力、AI 产品规划能力、AI 商业模式设计能力，我就感到非常欣慰了。让我们一起努力，从大趋势、大规律着眼，从具体的场景、产品、商业模式着手，以成功的应用来迎接人工智能的春天！

目 录

AI技术与AI商业篇

合格 AI 产品经理篇

高级 AI 产品经理篇

AI 技术与 AI 商业篇

为了行文简洁，本书后文将更多地用“AI”来表示“人工智能”。本篇讲解产品经理需要了解的技术与商业知识,是后面两篇内容的基础。

第 1 章，跳出 AI 的圈子，站在技术商业的高度，探讨技术商业化、落地应用的基本规律，从技术商业历史中汲取营养。经过历史多次检验的基本规律，将会在 AI 时代继续发挥指导作用。

第 2 章，从产品经理的角度来理解当前 AI 技术的实质和边界。只有真正理解了 AI 技术，才能做到对 AI 技术—场景的理解和洞察，进而做好 AI 产品规划和 AI 商业模式设计。

第 3 章，介绍当前 AI 商业格局、应用状况，构建对 AI 应用、AI 产品、AI 商业模式的整体认知。

第1章 技术商业的特点和成功要素

“你能看到多远的过去，就能看到多远的未来。”我非常认同丘吉尔的这句话。人类的智慧来自过往，用于将来。

世界每天都有新事物、新技术产生，身处其中我们会不由地感叹“太阳每天都是新的”，但只要我们站得更高一点儿，又会觉得“太阳底下无新事”。所以，我们要先跳出 AI 的圈子，站在技术商业这个更高的位置，研究更高层次的规律，然后在更高的层次上对 AI 形成更深的认知。

1.1 技术应用与技术商业

1.1.1 技术应用与技术商业的一体两面关系

技术蕴含着巨大的价值，这是现代社会各国之间形成的普遍共识。为了推进技术的应用，各国探索出两条基本路径：一是以政府为主力，用行政的力量来推进；二是以企业为主力，用商业的力量来推进。两者各有利弊，但经过多种技术、多个周期的检验，还是商业的力量更强大、更持久。在当代社会，技术的应用依赖于商业的力量。

商业有狭义与广义之分。狭义的商业对应的英文是 commerce，是指商贸、贸易；本书所说的商业是广义的，对应的英文是 business，是指基于自愿交易的人类活动、人类制度。从事商业活动的主体是企业，其中重要的组织形式是公司。

在当代社会，商业所起的作用越来越大，技术应用的成功依赖于商业的成功。集成电路、计算机、互联网等技术之所以被广泛应用，正是因为技术商业的成功。所以，我们探讨 AI 技术的落地应用，从另一个侧面看就是探讨如何让技术商业获得健康发展。技术应用成功和技术商业成功是一体两面的关系。

AI 公司是推进 AI 技术落地应用的主体力量。如果 AI 公司能在商业上取得成功，那么 AI 技术的落地应用就会比较顺利，甚至比我们期待得更顺利。互联网技术的应用已经证明了这一点。正是因为蚂蚁金服（蚂蚁金融服务集团）、腾讯公司通过支付宝、微信支付取得了商业上的巨大成功，我国人民才能享有全球领先的支付服务——安全、便利、低成本。

解决复杂问题的有效方法之一就是转化问题。例如，深度学习就是将无法计算的复杂感知问题，通过深度神经网络巧妙地转化为数值计算问题。同理，我认为 AI 技术落地应用的问题，也可以转化为 AI 技术公司如何取得商业成功的问题。脱离商业来推进 AI 应用，商业、应用两者都难得；以商业方式来推进 AI 应用，往往商业、应用两者兼得。

1.1.2　技术商业发展的共性与个性

技术商业领域有一条非常知名的曲线——Gartner 光环曲线（Hype Cycle），它来自技术研究机构 Gartner（高德纳咨询公司）。Gartner 光环曲线因成功预言 2000 年的“互联网泡沫”而一战成名。它以简洁直观的图形方式，总结出新兴技术的发展规律，多年来一直是技术商业领域常被引用的模型。Gartner 光环曲线示意图如下所示。

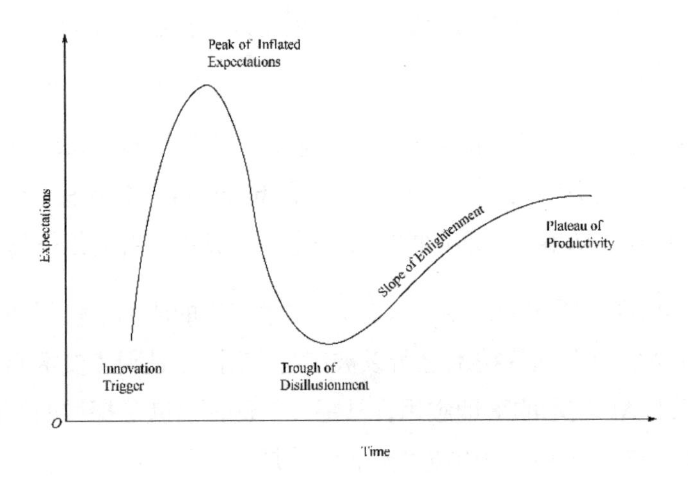

Gartner 光环曲线示意图

上图的横轴表示时间，纵轴表示期望值。一项新技术在诞生之后，按时间顺序会经历 5 个阶段。

技术萌动（Innovation Trigger）：一项新技术引起了大家的注意，媒体开始宣传。

期望巅峰（Peak of Inflated Expectations）：宣传推高了公众的期望，最终公众的期望达到了不切实际的巅峰。

跌至谷底（Trough of Disillusionment）：不切实际的期望很快会破灭，技术也因此跌至谷底。

逐渐恢复（Slope of Enlightenment）：技术的价值终究会体现出来，公众对它的期望也会逐渐恢复。

稳定产出（Plateau of Productivity）：技术最终得到了广泛应用，技术本身也走向了成熟，不再是一项新技术。

具体到不同的技术，实际的情况要比上图中的曲线更加复杂。根据我多年在技术商业领域从业、创业、咨询的经验，我发现众多技术在曲线的前 3 个阶段的走势是高度一致的，但跌至谷底之后的走势会出现明显分化，总结为一句话：快起大落，谷底分叉。

“快起大落”对应着 Gartner 光环曲线的前 3 个阶段，而“谷底分叉”则体现了不同技术之间存在的差异性。“快起大落，谷底分叉”示意图如下所示。

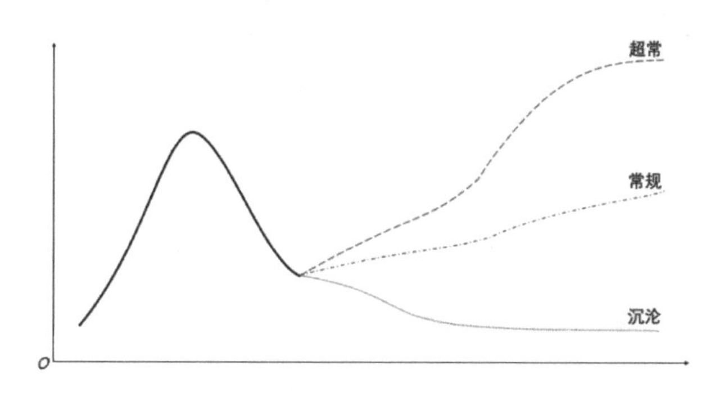

快起大落，谷底分叉

在跌至谷底之后，不同的技术有 3 种不同的基本走向。

（1）趋于稳定的“常规线”。技术经过调整逐渐反弹并获得较好的应用，但与期望巅峰相比始终有较大差距。这条曲线是大多数技术的走向。

（2）比较糟糕的“沉沦线”。人们发现某项技术远没有达到期望的效果，该技术的适用场景比预期少很多。

（3）激动人心的“超常线”。技术在跌至谷底之后强力反弹并获得很好的应用，达成的效果甚至超越了期望巅峰。这方面较有说服力的例子就是互联网。互联网技术在 1999 年到 2000 年达到了期望巅峰，在 2000 年年底跌至谷底，随后几年逐渐恢复，当前已进入稳定产出时期，取得的应用成功比期望巅峰更高。我经历了互联网光环曲线的 5 个完整阶段，对此深有感触。

AI 技术将走出激动人心的超常线——正是基于这个判断，近几年我将主要精力转向了 AI 领域，从事 AI 产品、AI 商业模式的研究、咨询工作，并希望通过这本书将部分收获分享给大家。

1.1.3 X技术和X技术商业的概念

以技术为基础的商业就是技术商业。我将能走出“超常线”的极少数技术称为X技术，以此为基础的商业就是X技术商业。

X在这里有3层含义。

（1）X代表未知数，意味着这种技术有很大的想象空间。

（2）X代表乘法运算符号，意味着这种技术具有很强的影响力，会对与它相关的其他商业要素产生重大影响。

（3）X代表一个图形，这个图形从中心往四个方向扩展，意味着X技术具有广泛的应用场景。

技术分为很多种，大多数影响面窄，少数影响面广。例如，化工领域中一种制造某种化合物的技术，它只影响化工这一个行业，甚至只影响化工这一个行业中的某些产品。这样的技术就不是X技术。实际上，大多数技术都不是X技术。

集成电路、计算机、移动通信、互联网是第二次世界大战以后出现的少数几项X技术。它们的影响力大且较深刻，几乎影响了所有行业，也颠覆了一些行业，甚至创造出了全新的行业。这些X技术还彼此关联，互相促进。AI技术就是一项较新的X技术，而且它也是影响较大的一项X技术。相应地，以AI技术为基础的AI商业也将是一个全新的行业。

本章主要讲解X技术商业的特点，这也是全书内容的基础。

1.1.4 X技术的高度不确定性

X技术商业包含了诸多因素，其中X技术是影响最大的、最不确定的因素。这种不确定表现在3个方面。

（1）技术本身的不确定。从科学到技术，从实验室到实际应用，其中充满了不确定。

（2）不同技术之间竞争的不确定。技术在源源不断地产生，不同技术之间可能存在竞争关系，甚至是取代关系。例如，显示技术曾经的王者 CRT 技术就已经被 LCD、OLED 等技术取代，模拟移动通信技术也已经被数字移动通信技术取代，数字移动通信技术也经过了从 2G、3G 到 4G、5G 的快速迭代。虽然还没有明确的技术能取代 AI，但在 AI 内部不同的技术路线与方向之间可能存在竞争甚至互相取代的关系。目前，深度学习如日中天，以此技术为基础的很多公司有很高的市值或估值。但谁又能预料，今后又会涌现出哪些新的 AI 技术呢?

（3）技术要素对其他要素的影响方式、影响程度的不确定。“截至目前，总体而言”，我国的创造性更多地体现在产品、商业模式上，而不是体现在技术上。

X 技术的高度不确定性使 X 技术商业同样充满了不确定性，而这恰恰也是 X 技术商业的魅力所在。正如今天在互联网商业中取得优势地位的公司，他们的成功几乎都是“意外”。

正是 X 技术商业充满了高度不确定性，才没有让那些有资源优势的公司持续占据优势地位，同时也给新公司带来了机会，从而使整个商业活动乃至整个社会更有活力。中国的 AI 商业，不仅有百度、阿里巴巴、腾讯等互联网时代诞生的巨头，有科大讯飞等老字号，还有旷视科技、商汤、依图、云从、云知声等大量新面孔，并且会产生更多新机会。这将让创业家、企业家都有机会，让互联网公司、传统公司都有机会。

1.1.5　X 技术商业的特征

X 技术的高度不确定性导致了 X 技术商业的诸多特征。我们简要介绍一下这些特征。

1．高难度“拼图”

在玩拼图游戏时，我们既知道最终的效果，又拥有全部的图块，因此只需要将众多的图块以正确的方式拼合在一起。如果将商业活动视为拼图游戏，那么 X 技术商业就是高难度“拼图”。开始时，我们既看不到最终的效果，又不知道有多少个图块。但我们不能等待，必须在这样的情况下开始拼图。因为只有开始，才有可能完成拼图；如果一味等待，那么只会被淘汰。因此，从事X技术商业，就是在玩高难度“拼图”。

以移动互联网的“拼图”为例。自从诺基亚在中国市场推出了支持WAP上网的手机，就开启了一个希望——实现移动互联网的希望。最初的移动上网是在功能机上通过手机浏览器以WAP方式上网，但其费用高、应用少、体验差。后来又增加了几个“图块”——K-JAVA应用和Symbian、Windows Mobile应用程序。虽然增加的“图块”起到了一定作用，但显然“图块”还不齐全，移动互联网的“拼图”还无法完成。这时业界将期盼的眼神投向了一个新“图块”——3G，他们认为只要3G来了，移动互联网的春天就来了。曾经有一个知名的移动互联网产品，名字就叫“3G门户”。

然而，3G的到来并没有完成移动互联网的“拼图”。之后，iPhone 4正式进入我国，与此同时以小米为代表的几家企业也推出了性价比较高的安卓手机，这促使我国市场迅速完成了从功能机向智能机的迁移。至此所有“图块”集齐，移动互联网的“拼图”就以极快的速度拼成了。

从2004年我第一次创业定位于3G内容平台，到进入平安集团，再到2010年第二次创业，时间跨度长达6年，移动互联网“拼图”的“图块”才齐全。因此，我认为移动互联网真是高难度“拼图”。

当前AI遇到的问题与移动互联网曾经遇到的问题非常类似。在2016年至2018年的AI发展热潮中，很多“图块”是缺失的，所以AI的应用状况并不理想。虽然技术、资本都是AI应用、AI商业的“拼图”中重要的“图块”，但要将“拼图”完成，还需要AI产品、商业模式等“图块”的加入。AI产品、AI商业模式是本书讨论的重点。

2. 起初“物种爆发”，然后“赢家通吃”

“物种爆发”是形象说法，是指技术商业领域的企业、产品、商业模式在很短的时间内大量涌现。

商业界也无法容纳过多的“商业物种”，像自然界无法同时容纳太多物种一样。与此类似的 AI 商业领域也已经开始了“物种淘汰”。例如，曾经创立的互联网公司，大多数很快就消失了。当物种过多时，自然界就会进行物种淘汰。

自然界在经过物种大爆发、物种大淘汰之后就是“赢家通吃”，即会有一些物种胜出，成为自然界的优势物种。商业界也是如此。例如，在中国互联网行业，最后只有少数的公司占据了整个行业的大部分价值。

3．叠浪连击

叠浪连击是 X 技术商业领域的又一个重要特征，技术掀起的第一浪还没有消失，新的浪潮又叠加上来。

以零售领域为例，在线零售、移动零售、社交零售、无人零售等，多个浪潮叠加形成连环冲击。大多数零售企业还没有应对好前一个浪潮的冲击，新的浪潮就又扑了过来。零售企业能经受住一个浪潮的冲击已经不容易，能经受住叠浪连击就更难了。

AI 技术就是正在形成的一个巨浪，它会和哪些浪叠加？叠加之后又会形成怎样的冲击？这些很难预料。

4．变化无处不在，“意外”频繁发生

通常在“赢家通吃”之后，行业格局会变得相对稳固，如化学制药行业、燃油汽车行业多年来的情况一样，几十年很少有新的企业诞生。但 X 技术商业有其独特之处，变化无处不在，“意外”频繁发生，受此影响赢家的名单也会发生变化。

以互联网商业的一个细分领域——电商为例。当“淘宝+天猫”占据了电商的大半江山之后，我们认为电商格局已定，但京东依靠颠覆行业认知的自建物流崛起了；当我们认为“阿里巴巴+京东”的格局已定，拼多多又依靠移动互联网带来的新机会，采用新的模式以我们难以想象的速度崛起了。电商的变化还没有结束，它又进化成了“新零售”，开始了新的变化，也会出现新的“意外”。

与传统商业相比，这正是 X 技术商业的独特之处，看似大局已定，其实大局

之下始终暗流涌动。由于 AI 大规模商业化的时间尚短，因此更需要学习借鉴其他 X 技术的商业化。AI 产品经理在进行 AI 产品规划、商业模式设计时，应该充分考虑 X 技术商业的特点，在迷茫时不妨从 X 技术商业的特点中去寻找灵感，寻找突破口。

1.2 X 技术商业的要素及其关系

在 1.1 节，我们从宏观层面讲解了 X 技术商业的特点，本节我们切换到企业视角，来理解 X 技术商业的要素及其关系。

1.2.1 X 技术商业的要素与结构

X 技术商业的要素与结构如下图所示。图中三角形的中间是技术—场景，围绕在它周围的是资源、产品及商业模式，为它们提供支撑的是组织能力。

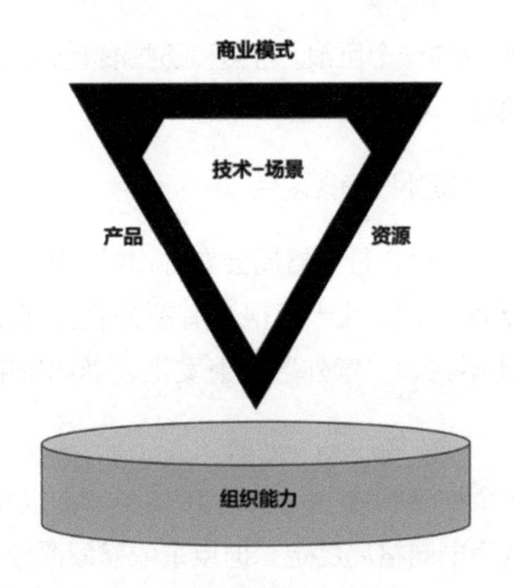

X 技术商业的要素与结构

这是我长期从事 X 技术商业行业，持续思考、迭代、精简的原创理论体系。因为本书篇幅所限，不能充分展开，所以只对部分要点进行介绍。

1. 技术—场景

位居中心的是技术—场景，“技术”“场景”两个词由连字符号连起来，形成一个组合。技术只有和适合的场景结合才能持续应用，也才能产生商业价值。应用同样的技术时，当应用场景发生了变化，就可能产生新的价值；在同样的场景中，应用不同的技术可能产生不同的价值。

场景最初是一个戏剧术语，指戏剧、电影、电视剧等艺术作品中的场面，进而泛指生活中特定的情景。结合技术商业和产品理解，场景就是用户所处的环境及用户自身状态的总和。

场景包括用户和需求，如果脱离了场景，用户和需求就过于复杂，让人难以把握。用户的需求就是产品的机会，而用户每时每刻都处于某种场景中。将一个用户经历的诸多场景按时间顺序串联起来，就能勾勒出该用户的特征。需求也是处于具体场景中的，深受场景的影响。某种具体的需求在有些场景中表现得很强烈，而在另外一些场景中可能表现得就很微弱。

从事技术商业要将合适的技术与合适的场景相适配，找到了这种适配关系就找到了技术产品、技术商业适宜的土壤。因为技术—场景非常重要，所以要将它放在中心位置。

AI 产品经理需要将合适的 AI 技术与合适的场景适配起来，发现 AI 技术—场景中的商业价值，识别出其中的商业阻力，以此规划 AI 产品、设计 AI 商业模式。

2. 资源

要从事商业活动，各种资源是不可缺少的，无论是传统商业还是X技术商业，都是如此。

X 技术商业在资源获取上有其独特性，它以未来可能产生的重大利益换取当前的稀缺资源，如通过 VC（风险投资）获取发展早、中期稀缺的资金。VC 使很多技术产品得以诞生，也使很多技术商业模式得以实现。

3．产品

X 技术商业非常重视产品。产品是价值的挖掘机，如果没有产品，即使看到了商业机会也无法开发其价值。产品是商业模式的基础，商业模式必须基于产品进行构建。

2016 年至 2018 年期间的 AI 应用遇到了问题，不是因为应用领域选错了，很大程度上是因为相应的产品不够成熟。虽然很多产品顶着 AI 技术的光环上市，但其用户的实际体验感却很差。这样的产品既不能让技术得到持续应用，又不可能获得商业上的成功。

4．商业模式

商业模式是企业商业运作的顶层方式。

管理学大师彼得•德鲁克说过：“当今企业之间的竞争，是商业模式之间的竞争。”由此可见商业模式的重要地位。商业模式和产品一样，是我研究的重点领域。在两次创业中，我都对商业模式进行了创新，而且我近几年的咨询项目的重要内容就是商业模式。

下面简要介绍一种商业模式理论，以便读者能对商业模式有一个初步理解。下图为北京大学汇丰商学院的魏炜、朱武祥教授对商业模式的理解。

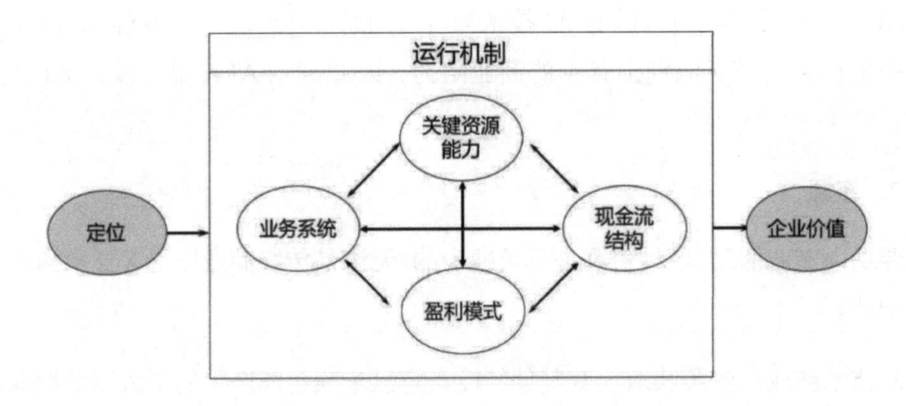

魏朱商业模式图

魏炜、朱武祥将商业模式分为六大要素：定位、业务系统、关键资源能力、盈利模式、现金流结构和企业价值。上图不仅列出了这 6 个要素，还用箭头表示了它们之间的关系。理解一个企业的商业模式，就是理解这个企业的六大要素及其之间的关系。相应地，为一个企业设计商业模式就是设计六大要素及其之间的关系。

传统商业模式的创新非常困难，这导致大量的企业以相同的商业模式激烈竞争，也导致很多行业的利润被压缩。相比之下，X 技术商业更有可能实现商业模式创新，相关企业可以享受模式创新带来的红利，互联网商业中就有很多这样的案例。

5．组织能力

要实现发现的价值，不仅要依靠个人能力，还要依靠组织能力。

很多有各种优势的传统企业进入 X 技术商业领域却没有获得预期的成功，其中一个很重要的原因就是组织能力不足。虽然传统企业的组织中有很多优秀人才，但其组织能力是适应原有业务的，并不适合新的 X 技术商业。这就需要传统企业快速提升、调整组织能力，以适应新的 X 技术商业。

知名的风险投资数据公司 CB Insights 对一百多家技术创业公司进行了调研，并总结出技术创业公司失败的主要原因。调研结论和 X 技术商业要素及结构图高度吻合。

下图列出了导致技术创业公司失败的前 7 个原因，其后的 13 个原因均低于 15%，因此在此就不一一列出了。在导致技术创业公司失败的前 7 个原因中，“没有市场需求”处于第一位，其本质就是技术—场景适配出现了问题。第二位的“资金耗尽”其实是结果，其本质是资源问题。“没有合适的团队”占第三位，其对应的就是组织能力。另外，“被对手超越”“定价/成本问题”“不好的产品”“缺乏商业模式”也是重要的失败原因。

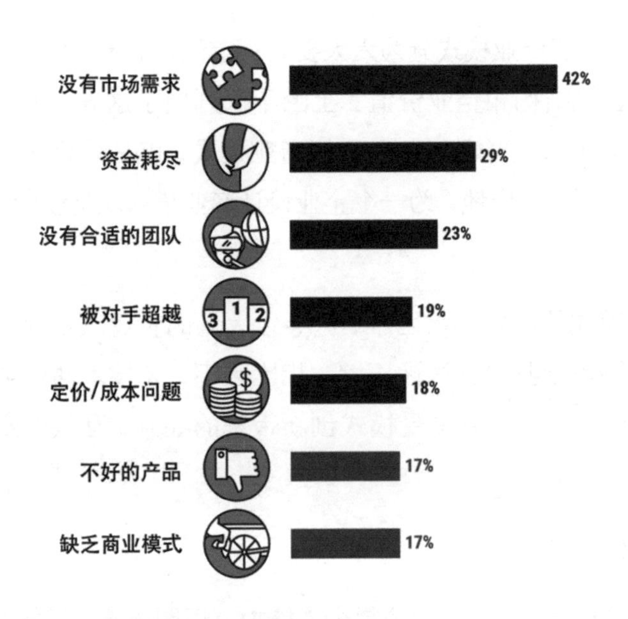

技术创业公司失败的主要原因

1.2.2 理解 X 技术商业要素及其关系的例子

1. 支付业务的五大要素及其关系

现在，我们用支付业务的例子，来简单说明X技术商业的五大要素及其关系。

（1）技术—场景。长期以来，我国支付业务的主体是银行和银联，第三方支付处于微弱的辅助地位。支付业务对银行来说只是一个基础业务，并不是重要业务，更不是战略业务。之后，互联网技术带来了巨大的改变，其与支付场景结合形成了新的技术—场景，其中蕴藏的巨大价值首先被以蚂蚁金服（支付宝所属的公司）为代表的互联网公司发现了。

（2）资源。支付宝一方面依靠资本市场的资金资源，另一方面还充分利用了阿里巴巴电商平台的用户和场景资源，起步就提供了非常适合电商场景的担保交易，解决了电商交易最初的信任问题。此举不仅获得了海量用户，还积累了大量资金，为后续的产品创新（如余额宝）奠定了基础。然而，银行严重忽视了场景资源的价值。

（3）产品。在很长一段时间内，银行认为自己的支付产品几乎没有什么改进的空间了，用户要做的就是正确使用。但支付宝并不这么认为，它对支付这个看似简单的产品进行了大量的产品创新，而且是持续创新，结果就是支付宝的使用方式越来越便利，安全系数逐步提高，也越来越受用户的欢迎。正因为如此，一些原本属于银行的资源，如银行卡等逐渐被用户后置为支付宝的资金来源。

（4）商业模式。在很长一段时间内，支付宝是不向收付双方收费的，它开创了支付领域新的商业模式。这个新商业模式的“威力”是逐步显现出来的，当银行意识到这一点时，其也很难扭转局势了。

用户在支付宝绑定某张银行卡后，通常该银行卡就会被放在钱包里很少再拿出来使用了。随着用户通过支付宝完成一次又一次支付，支付宝与用户的关联越来越强，而银行与用户的关联越来越弱。对此绝大多数银行仍然认为尽管用户使用支付宝支付，但其实还是要从银行卡里扣钱，银行的价值始终还在。最初情况的确和银行想的一样，直到支付宝推出了花呗。

花呗是蚂蚁金服推出的一款消费信贷产品——给予用户一定的额度，先消费然后按月还款。但支付宝的花呗却比信用卡更加实用、便捷，它不需要实体卡片，不需要庞大的发卡团队和高昂的发卡成本，它只需要通过安装的支付宝 App 就能使用。很多支付宝用户将花呗的扣款优先级设置得比信用卡还高，这使信用卡出现了双降局面——已开信用卡的支付额下降和新卡申请量的下降，可以说花呗直接抢了信用卡的生意。至此，银行终于意识到自己的价值空间已经被一点点侵蚀了，但此时已经没有有效的办法能阻止支付宝发展了。

随着支付宝用户的增加，用户对其信任感逐渐增强，大量用户的支付宝账户中的余额也增加了。支付宝以此为基础推出了余额宝，不仅做大了支付宝，还启动了一个新行业——互联网金融行业。

支付宝的价值不仅包括从银行“抢夺”过来的价值，它还有新的价值来源。其依靠支付积累了海量的高价值数据，构建了覆盖更广、质量更高的信用评价体系——芝麻信用。芝麻信用分不仅可供用户使用，还可以为合作企业赋能。例如，蚂蚁信用分较高的人可以免押金骑行单车、租用电子产品、入住酒店，既方便了用户，又为合作企业增加了业务量。蚂蚁信用实际上成了非常有价值的信用体系，至此，支付业务的新技术—场景展现出来的巨大价值，已经大大超越了银行当初的理解。

（5）组织能力。要做那么多新的事情，需要强大的组织能力。阿里巴巴的组织能力建设处于中国乃至全球的领先地位，其有非常系统的方法来构建组织能力。这也是阿里巴巴商业版图不断扩张的组织基础，只是与它的产品、市场相比，这一块很少受到外界的关注。

2．AI 商业的五大要素及其关系

AI 商业与互联网商业同样是 X 技术商业，在互联网行业经过验证的规律已经在 AI 行业初步发挥作用。

（1）技术—场景。AI 应用虽然在一些场景遇到了困难，但 AI 应用在基于人脸识别的安防、基于语音技术的智能音箱等场景已经得到了初步的认可。

（2）资源。在起步阶段，AI 技术公司获取资源的能力比互联网公司更强，因此一些优秀的 AI 技术公司将有充足的资源去发展、去试错。

（3）产品。大多数 AI 技术公司尤其是有着纯技术背景创始人的公司，由于其最初并没有重视产品，于是很快便遇到了问题。目前，大多数 AI 技术公司均已开始重视产品，少数公司已经具备了较强、较系统的产品能力。

（4）商业模式。多数 AI 技术公司还没有开始重视这个要素，但根据 X 技术商业的规律及互联网商业的经验，这是一个必须要重视的要素。AI 技术给商业模式带来了新的力量，也给商业模式带来了新的可能。另外，商业模式决定了组织能力的方向，为组织能力的发展提供了指导。

（5）组织能力。目前，多数 AI 技术公司还只是强调自己的技术实力、高学历员工的比例，并没有站在更高的层次来看待组织能力。组织能力并不是高学历员工的简单组合。公司的技术实力虽然是组织能力的重要组成部分，但并不是全部。多数企业还没有意识到整体组织能力的价值，也还没有朝这个方向努力。随着 AI 商业的进一步发展，它将很快从技术要素的比拼转化为多要素的比拼，这时组织能力的价值也会凸显出来。在这个变迁的过程中，不能及时做出反应的公司很可能出现技术领先但因为组织能力落后导致失败的情况。

如果详细展开 X 技术商业的五大要素及其之间的关系，将占用大量篇幅。如何获取资源（如融资、抢占优质客户、构建政府关系等），构建与商业要素适配的组织能力，更多的是创业家、企业家需要考虑的问题。考虑到本书的主要目标读者是产品经理，所以本书重点选取其中的 3 个要素进行讲解：技术—场景、产品与商业模式。

1.3　技术—场景、产品与商业模式

对 X 技术商业五大要素及其关系有了整体理解后，接下来我们深入讨论与 AI 产品经理非常紧密的 3 个要素：技术—场景、产品与商业模式。

1.3.1　技术—场景、产品与商业模式的关系

这 3 个要素之间的关系可以用岸、桥和拱来表示，具体如下图所示。

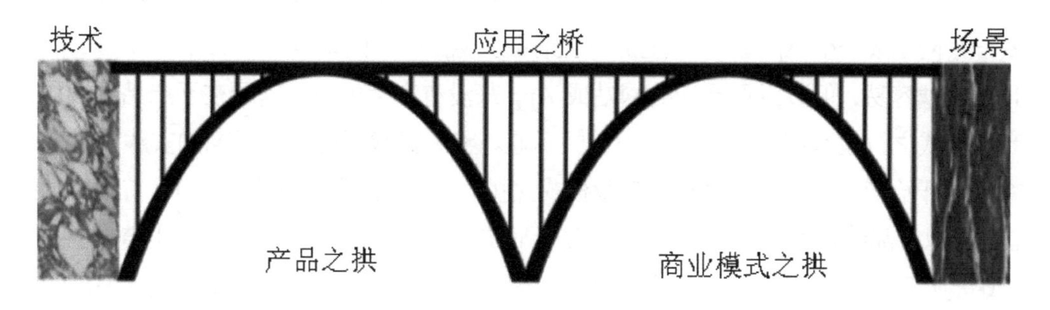

技术—场景、产品与商业模式的关系

岸：如上图所示，左右两边是原本分离的技术此岸和场景彼岸。技术落地产生价值的过程形象地说就是从技术此岸走向场景彼岸的过程。

桥：此岸和彼岸之间隔着鸿沟，甚至可以说是天堑。因此，从此岸走向彼岸需要一座桥——应用之桥。所谓技术落地产生价值，就是在技术和场景之间开通应用之桥。要在两岸之间架起一座桥，桥梁工程师先要选址，在两岸合适的位置架设桥梁。桥梁选址需要考虑很多因素，如地质条件、建造成本、工期等。选址适当，桥就容易建成；选址不当，桥就不易甚至不能建成。同样，如果想让技术实现场景落地，产品经理就要将合适的技术和合适的场景精准适配起来。因为AI包含了很多细分的技术，应用场景也包含了众多的细分场景，只有将细分的技术和细分的场景精准适配起来，才有可能实现技术的成功落地。

拱：应用之桥是一座拱桥，它由两个连续的拱组成——产品之拱和商业模式之拱。只有这两个拱都建成了，应用之桥才能畅通。

历史告诉我们，技术此岸与场景彼岸之间存在很深、很宽的鸿沟，跨越这个鸿沟的难度常常超出我们的想象，很多发明家对此深有感触。发明家要经过很多年甚至一辈子的奋斗才能做出一个了不起的发明，获得发明专利后他们满怀信心，认为等着购买或者授权的企业会排成长队。但在很多情况下，直到发明专利失效，发明家都没有让自己的发明从此岸走到彼岸，也没有从中赚到一分钱。

与发明家一样，企业、机构的技术此岸经常有成果诞生，但多数也没能成功地走向场景彼岸。即便是美国，这个技术转化做得较好的国家也是如此。

互联网技术的成功应用给AI技术的应用提供了经验。最初，大家认为技术人员做一个网站或一个App就能产生价值，结果发现做一个网站或一个App并不难，而且越来越容易，但数以百万计的网站或App却没有产生价值。问题在于产品之拱和商业模式之拱没有造好，导致应用之桥不通。整个互联网行业从早期的实践中吸取教训，开始着力打造产品之拱和商业模式之拱。很多互联网公司的CEO（首席执行官）都以产品经理身份自居，这迎来了产品、产品经理的高光时刻。在商业模式上，中国的互联网行业以复制起步，向复制、改造、原创并举转化。很多互联网公司的产品之拱和商业模式之拱依次建成，互联网技术的应用之桥也随之畅通。

AI产品经理需要学习互联网行业的成功经验，将AI技术和场景做到精准适配，然后打造出好的AI产品，并设计出配套的商业模式，只有这样才能让AI技术成功落地。

1.3.2 X 技术产品、X 技术商业模式的特点

（1）超越需求，引领需求是 X 技术产品的重要特点。

传统商业是以用户需求为导向的，用户对自己的需求比较清楚，而企业也几乎不会提供超越用户需求的产品。但技术产品却不同。一个技术产品出现之前，用户总以为现有的产品功能已经够用了，但当企业提供了更先进的产品时，用户还是会被激发起强烈的购买欲望。

iPod（苹果播放器）出现之前，没有人想过要买一个小得可以放进衬衣口袋并且能存放 1000 首歌的数字音乐播放器。但 iPod 推出后，却迅速风靡全球。

以我本人为例，我很长一段时间用的是 MacBook Air 电脑 2012 款，虽然该电脑的屏幕不是 Retina 屏（视网膜显示屏），但我对它的效果很满意。但是，当我试用了 2018 款的 MacBook Air，且亲身体验了电脑上 Retina 屏幕的效果后，Retina 屏幕就成了我下一部电脑的必要配置。

手机的摄像头也一直在超越用户的需求。当双摄手机出现后，很多用户在换机时会优先考虑双摄手机；当三摄手机出现后，三摄手机又成了部分用户的首选；现在，四摄手机也越来越多了，华为的四摄手机 P30 Pro 如下图所示。

华为的四摄手机 P30 Pro

对于技术产品来说，传统的用户调查所起的作用并不大，在用户看到一个能被打动的新产品之前用户确实不知道自己还需要什么。具体到AI产品也是如此，AI产品经理在规划产品时常常需要适当超越用户需求，用好产品来引领用户需求。

（2）X技术有可能创造全新的产品形态和商业模式。

这是X技术商业特别具有魅力的地方。

我国的互联网产品、互联网商业的发展，已经一再证明了这一点。在开始，很多大企业认为互联网就是一个远程渠道，于是把企业原有的产品放到网上销售，但结果并不成功。最后成功的是那些利用技术，打造新产品，运用新商业模式的企业。

AI技术就完全可能创造全新的产品形态和商业模式，AI产品经理应该在其中发挥重要作用。

（3）X技术商业更容易出现市场高度集中的现象，对善于利用这个规律的公司是好事。

市场高度集中可以持续为企业提供高利润。所以，虽然高度集中的名声并不太好，但却是众多企业孜孜以求的目标。

一些大规模、重资本的传统商业也会出现市场高度集中的现象，如石油、化工、汽车等。这些领域要经过很长时间的市场竞争和演化，才会形成最后的高度集中的局面。与传统商业不同，X技术商业能在很短的时间内从充分竞争走向高度集中，而且其高度集中程度比传统商业更加严重。一旦高度集中的局面形成，企业就能获取高利润，而且是持续的高利润。互联网行业的很多领域都出现过企业疯狂融资、疯狂发展用户的现象，其最终目的就是获得持续的高利润。

为什么X技术商业更容易出现快速高度集中的现象呢？简单讲两个原因。

一是X技术的规模效应非常强，技术的前期投入大，但一旦开发成功，其边际成本会很低。所以，一个企业一旦有了领先的技术、受欢迎的产品，就可以低成本地获取大量用户。传统商业往往是基于实物的，虽然规模变大也会摊薄成本，但其程度远不如 X 技术商业。

二是地域壁垒的问题。多数传统商业有明显的地域壁垒，这也是高度集中的一个障碍。传统商业中的很多中小型企业主要是依靠地域壁垒来生存的。而对于 X 技术商业来说，地域壁垒几乎是不存在的。例如，中国的互联网行业几乎没有区域性企业，在某个细分领域往往都是前两家企业占据了绝大部分的市场份额。这样的高度集中的程度明显超过大多数传统商业的高度集中的程度。

优秀的 AI 产品经理会尊重并善用以上特点，规划出好的 AI 产品，设计出优秀的商业模式，成就所在的公司，也成就自己。

1.3.3　技术—场景的适配

世界上存在众多的技术，每项技术还有诸多特点。同时，世界上也存在无数的场景，每个场景也各有自己的特征。因此，能够将某项技术和与之相适应的场景找出来并实现精准适配，是非常难的事情，而这又是产品经理必须做好的第一件事。这件事如果做错了，后面的一切事情无论怎么做都是错误且无法调整的。而这件事如果做对了，那么其方向就选对了，即便后续的工作出现一些问题也可以进行调整。

我们先以二维码技术为例，从技术出发寻找适配的场景。二维码这项技术从用户角度看只有两个环节——显示二维码（屏幕显示或印刷）和用手机扫描二维码。其实现成本低、使用简单，并且随着智能手机的普及，它的应用场景也越来越多。例如，通过扫描二维码，我们可以访问网址、加好友、关注公众号、完成支付、打开小程序等。

我们再换一个方向，从场景出发寻找适配的技术。以取代公交刷卡这个场景为例，为了给公交用户提供便利，公交机构一直在寻找合适的技术，来实现用户不带公交卡就能顺利乘车的目的。适合这个场景的技术有很多种。一种是移动运营商曾经力推的双界面卡——带“尾巴”的 SIM 卡，就是将感应天线连接到手机 SIM 卡，并贴在手机后盖上。这项技术和场景在某个阶段是适配的，也曾在一些城市推广并获得了一些用户。但是，随着手机产品的不断迭代升级，这项技术和场景变得不再适配了。这种方案有两个要求：第一，手机后盖可以拆下，以便把感应天线贴上去；第二，手机后盖不能是金属的，否则会屏蔽信号。针对这两个要求，大多数功能机及 Symbian（塞班）系统的手机都能满足，所以一度是适配的。随着 iPhone 对智能手机的重新定义，手机也随之发生了很大改变。现在的智能手机几乎都是一体化电池设计，用户自己无法打开后盖。SIM 卡槽从 Micro 发展到 Nano，越来越小，而且很多手机的 SIM 卡还是侧向插入的。这些变化导致双界面卡无处放置，再加上很多智能手机的后盖是金属材料，信号完全被屏蔽了。正是由于场景发生了变化，技术和场景也就变得不再适配了，双界面卡这种方案也就逐渐被淘汰了。

除了双界面卡技术，还有两种重要技术：手机 NFC（近场通信）和手机二维码。

手机 NFC 技术是利用手机本身具有的近场通信功能，使手机和公交感应器近距离非接触通信从而实现无卡计费的。部分城市（包括北京）的公交车已经支持该功能。我在北京乘坐公交车就是使用手机 NFC，非常方便。不过，这需要手机本身具有 NFC 功能，这涉及硬件问题，并不是安装软件能解决的。由于很多手机不具备 NFC 功能，所以 NFC 技术和公交无卡计费场景还是不完全适配的，公交机构要花不少钱改造设备，但很多用户却用不了，因此很多城市的公交机构没有采用这项技术。手机双界面 SIM 卡实物图、手机 NFC 示意图如下所示。

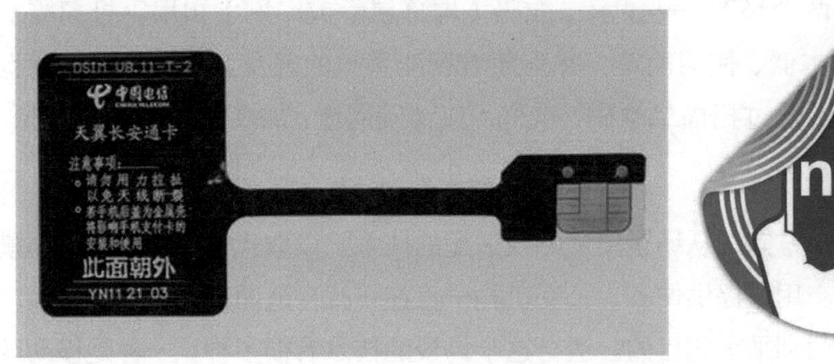

左为手机双界面 SIM 卡实物图，右为手机 NFC 示意图

手机二维码技术对手机的要求很低，能联网的智能手机大部分都可使用。手机安装相应的 App，就可以生成二维码，将手机屏幕上的二维码对准公交车上的扫描器，就能支付成功。手机二维码和公交无卡计费场景做到了高度适配，适用于绝大多数用户，用户只需要安装 App 并做设置就能很方便地乘坐公交。在公交无卡计费场景的技术中，手机二维码的适配度最高，因此我们看到全国大多数城市的公交机构都采纳了这个方案。

我们再看一个技术和场景适配的例子——Eink（电子墨水）显示技术。和 LCD、OLED 等显示技术相比，Eink 显示技术有很多弱点——显示颜色极少（最初只能显示黑白两色），刷新速度很低。因此，Eink 显示技术无法胜任电视机、手机这些需要显示丰富色彩、快速刷新内容的场景。然而，Eink 显示技术有两个独特之处——耗电极低、视觉舒适（尤其是在长时间强光环境下），这两个技术特点和电子阅读器的场景高度适配。使用 Eink 显示技术的亚马逊 kindle 阅读器如下图所示。

使用 Eink 显示技术的亚马逊 kindle 阅读器

阅读器虽然对彩色需求不高，但其追求省电和长时间阅读的舒适感，而这恰恰是 Eink 显示技术的优势。所以，以 kindle 为代表的阅读器从诞生到不断升级换代一直使用的是 Eink 显示技术。

多种技术经过合理组合可以适应更多场景，这里以新零售场景为例来进行说明。新零售是基于数据的零售，需要根据数据和运营策略频繁调整价签内容。例如，一种面包早上刚上架时是正常价，中午时段可能调整为 8 折的午餐优惠价，晚上可能是买一送一的处理价。如果用传统零售企业使用的传统纸质价签，更换起来需要消耗大量人力而且速度慢，完全不能适配新零售场景。而 LCD 等显示技术因为过于耗电，需要频繁更换电池，从而显著增加物料成本和人力成本。电子价签由应用 Eink 显示技术的显示屏和无线传输模块组成，由内置电池供电，放置在货架上向顾客展示商品名称、价格等信息。这样的技术组合非常适合新零售场景。永辉“超级物种”店内就大量使用这样的电子价签，具体如下图所示。

永辉“超级物种”店内大量使用的电子价签，车马拍摄

电子价签非常适合新零售场景，新零售企业通过无线传输方式就能实时更新大量的价签信息，而且由于 Eink 技术的耗电极低，电子价签可以在很长一段时间

内不更换电池。因此，电子价签在新零售行业得到了快速普及。我光顾过的盒马鲜生、便利蜂等新零售企业绝大多数在使用这种电子价签。

我们在进行技术商业化时，很容易进入“手拿锤子，满世界找钉子”的状态。就像我们看好 AI 技术，总想把它用起来。从技术的单一维度看，我们总认为 AI 技术可以适应非常多的场景。但现实中的场景极少是单一维度的，都需要我们进行多重考量。很可能在有些场景中，AI 技术可以发挥作用，但更适合的可能不是 AI 技术而是更简单、更“古老”的技术。例如，一颗自攻螺钉虽然用锤子也可以勉强敲进去，但最适合自攻螺钉的工具是螺丝刀。锤子与其费力将自己改造得适合自攻螺钉，不如放弃自攻螺钉，寻找更合适自己的钉子，具体如下图所示。这恰恰是前几年 AI 热潮中普遍出现的问题，我们试图用 AI 技术这个锤子去解决所有场景的问题，却忽略了世界上还有很多其他的工具。锤子和其他工具一样，各有适应的场景，勉强切入并不适合自己的场景，其结果大多是失败。

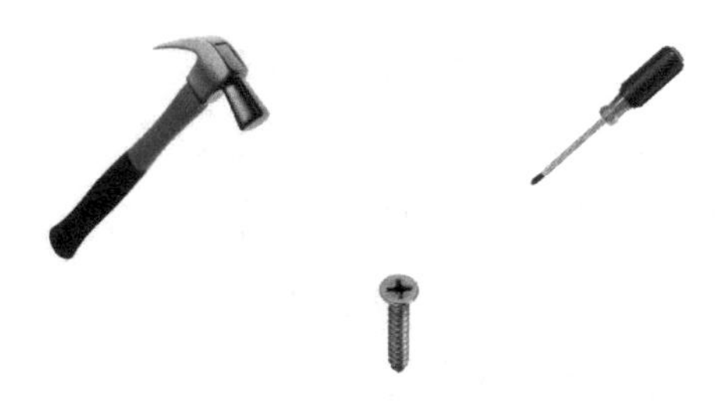

锤子、自攻螺钉和螺丝刀

1.3.4　产品之拱

将合适的技术和合适的场景适配起来，相当于为桥梁做好了选址，然后就要打造产品之拱了。

在多数情况下，在适配的技术—场景中打造出好产品是有很大难度的，以数字音乐为例进行说明。随着互联网的发展，数字音乐分发与播放技术和随时随地听音乐的场景实现了适配，很多公司都看到了这个适配，也推出了很多产品——数字音乐播放器（俗称 MP3 播放器）。但因为产品对用户的吸引力不够，导致这个市场一直不温不火。直到苹果公司推出了“iPod+iTunes”（iTunes 是一款供 Mac 和 PC 使用的免费数字媒体播放应用程序），它迅速点燃了全球用户的热情，也快速挖掘出了数字音乐巨大的商业价值，甚至改变了整个音乐行业的格局。乔布斯回归苹果之后，正是靠这个产品复兴了苹果公司。此后，苹果公司依靠不断涌现的好产品——iPhone、iPad、Apple Watch 等，在商业上越来越成功。苹果公司的过人之处不是它能抢先发现技术—场景的适配，而是它总能拿出更好的产品，实现后来居上。

好的产品可以充分发挥技术的价值。反过来说，如果产品做得不好，即便是一个很强的技术，其优势也难以发挥出来。我们以一项能力有限的技术——短信为例。短信是在 2G 时代诞生的，其通信技术能力很弱——一条只有 140 个字符（70 个汉字）的容量。但如果找到了合适的应用场景，打造出合适的产品，短信依然可以发挥出其商业价值。

出于管理需要，零售企业在每天营业结束后会要求每个网点上报营业数据。最初，大多数网点都只能通过打电话的方式上报数据，少数网点可能会通过传真的方式上报数据。在接到各个网点汇报的数据后，零售企业的总部或区域总部需要人工对数据进行统计和汇总最后再汇报给高管。因为数据延迟比较严重，所以高管通常要等到第二天上午才能收到汇总数据，这对公司管理是非常不利的。

后来，2G 时代到来了，出现了短信技术。有公司看到了短信技术的特点和价值，并以此为基础打造出相应的产品，满足了零售企业及时报送数据的需求。各网点经理在每天营业结束后，根据事先规定的格式通过短信上报关键数据（1 条或多条），之后系统会自动汇总（这个过程无人工差错），最后通过短信将汇总数据发给高管（如大区总监）。因此，高管通过一部功能手机就能及时掌握营业数据。如果数据异常，高管马上就能通过电话与相关方面进行初步沟通，第二天一早高管就能立即召开有数据支撑的营业会议。

AI 技术虽然比短信技术更复杂、更强大，但其中的道理是相同的，技术必须通过产品来发挥作用。要想发挥 AI 技术的价值，好的产品是不可或缺的。

1.3.5　商业模式之拱

紧靠产品之拱的是商业模式之拱，只有产品之拱和商业模式之拱都建成了，应用之桥才能畅通，技术此岸和场景彼岸才能连通。在 X 技术商业中，商业模式的价值比在传统行业中更加重要。

以中文搜索为例。百度打造了优秀的中文搜索产品，但如果它没有快速找到搜索结果竞价排名的商业模式，就不可能取得后来的巨大成就，也就没有成为 AI 时代领先企业的基础。

字节跳动公司的快速崛起，不仅在于它打造了今日头条、抖音等特别适合广大移动用户的产品，还在于其充分利用了“第三方内容生产+信息流广告”的双平台商业模式。曾经占据互联网行业统治地位的门户模式之所以衰落，是因为门户模式需要庞大的编辑团队，不仅成本高，而且内容的数量、多样性也受限。因此，依靠第三方生产内容的模式比门户模式更有竞争力。所以说门户模式衰落的根源在于它的商业模式。

产品和商业模式是紧密相连的，产品需要相应的商业模式以更好地发挥价值，商业模式也需要好产品为其提供支撑。

反思 2016 年至 2018 年的 AI 应用，可以从中得出一个深刻启示——不能只重技术而忽视产品和商业模式。要想在今后更好地推进 AI 技术落地应用，AI 技术公司在继续改进技术的同时，还要将产品、商业模式这两块短板尽快补上。

1.3.6　技术、产品与商业模式互相助力

技术、产品与商业模式三者之间可以互相助力，发挥协同作用。

技术如果比较弱，是不是就不能应用了？其实，技术本身是在不断进步的，而尽快投入使用也有利于技术的进步。一个迟迟不能落地应用的技术，很快就会陷入停滞状态。

产品从弱到强通常要经历一个过程，在产品还不够强大的时候，AI 技术公司

可以借助商业模式的力量。亚马逊、Google 和苹果都推出了独立于电脑使用的智能音箱，那我国企业的智能音箱如何与这些产品竞争呢？更好的技术、更好的产品需要较长时间的积累和打磨，我国的智能音箱企业在持续升级产品的同时，还利用了商业模式来助力。

美国的 3 家企业的智能音箱售价都很高，当然这种商业模式也有其优点——每售出一台智能音箱，企业就能获得较高的利润。我国企业改变了智能音箱的商业模式，大幅降低了智能音箱的售价。现在，智能音箱的实际体验效果低于企业宣传的效果，其只能在点歌、简单信息查询等少数场景中应用，但因为它价格便宜,用户也就没有太多意见了。这样的商业模式能够快速获得大量用户持续使用，这些大量用户的持续使用实际上就是在帮助智能音箱企业训练模型。事实上，这种商业模式已经取得了阶段性成功,我国的智能音箱市场基本是我国企业的市场，而美国 3 家企业的智能音箱在我国智能音箱市场的保有量都很低。

关于技术、产品和商业模式互相助力，有一个知名的案例——静电复印机。目前采用静电复印技术的复印机是在 20 世纪 50 年代正式走向市场的。当时，市场上有两种主流的复印技术——光影湿法技术和热干法技术。这两种技术的共同缺点是复印质量差、速度低、无法持久保存。新发明的静电复印技术在这几个方面全面超越了旧技术。其发明人切斯特 ·卡尔森及合作公司信心满满地寻找柯达、GE（通用电气公司）、IBM（国际商业机器公司）合作，但都被拒绝了。因为采用这项新技术的产品——静电复印机的生产成本高达 2000 美元，而当时采用光影湿法技术和热干法技术的复印机售价只有 300 美元左右，相比之下静电复印机的成本确实太高了。

想要解决这个问题，就需要促使技术进步并降低成本。但这需要一个长期的过程，而且如果没有产品的大量销售，完全依靠技术进步来大幅降低成本是非常困难的。这时，商业模式发挥了重要作用，发明人的合作公司没有放弃，设计出了创新的租赁商业模式。企业用户不用一次性付出太多的钱来购买昂贵的静电复印机，而是通过租赁方式支付租金。当成本的障碍变小了，新技术本身的优点就会凸显出来。设计这种商业模式的公司就是施乐公司。该公司依靠技术、产品与商业模式的互相助力，使年收入有了飞跃式增长，并快速跻身财富 500 强。

再举近一点的例子——数字音乐播放器。韩国公司发明了它，但在很长时间内它的销量并不多。苹果的 iPod 后来居上取得了巨大成功，其成功不仅在于其明显的产品优势，还在于它的商业模式。苹果公司通过封闭的 iTunes 音乐商店同时解决了困扰数字音乐产业的两个大问题：使用户能方便地获得高品质的音乐；使唱片公司能从音乐数字化中获得利益。第一代 iPod 如下图所示。

第一代 iPod

在数字化浪潮中，此前唱片公司的利益处于被颠覆、被忽略的地位，因此他们发起了多起诉讼，导致数字音乐这个市场一直做不大。

苹果公司的商业模式充分考虑了唱片公司的利益。苹果公司在 iTunes 商店中以 99 美分一首歌的价格销售正版音乐，并直接向用户收费，而其获取的大部分收益属于唱片公司。有了一部 iPod 再加上配套的 iTunes，用户只需要支付很少费用就能源源不断地享受正版音乐。“好的产品+合适的商业模式”让苹果公司大获成功。其后的“iPhone+App Store”复制了这种商业模式，也同样获得了成功。

当前，AI 业界的普遍情况——重视技术、轻视产品、忽视商业模式，不能实现技术、产品与商业模式的互相助力。AI产品经理只有重视技术、产品、商业模式的互相助力，才能推动AI应用走出困局。

1.4 技术—场景、产品与商业模式的对比案例

列举了很多互联网的案例，我们来看看 AI 领域的案例。这次我们在同一个技术—场景中，横向对比不同的产品和商业模式。

实时翻译领域的人工智能涉及三大核心 AI 技术：语音识别、机器翻译和语音合成。即使采用同样的核心技术，满足同样的需求，不同的企业在产品、商业模式上也可能会有很大区别。所以，从技术到产品再到商业模式的过程中存在很多的可能性。

先来看 Google，该公司在 2017 年发布了自己的翻译产品 Pixel Buds（谷歌的一款耳机）。Pixel Buds 耳机和 Pixel 手机如下图所示。

Pixel Buds 耳机和 Pixel 手机

该耳机需要通过蓝牙连接 Google 自有的 Pixel 手机，并配合手机 App 使用，其可以在 40 种语言之间进行实时同声传译。两个人分别带上这款耳机，并启动手机上的翻译软件，机器会立刻将你的语言翻译成另一种语言，通过耳机播放给对方。这不仅使两种语言者之间的多轮对话变得更加方便，还可以“解放”双手以辅助交流。

Pixel Buds 耳机不仅设计得很漂亮，而且佩戴舒适。左右耳机之间有实体连线，使耳机不易丢失。Google 在商业模式上有很多考量。它的定价比较高，159 美元的定价直接瞄准了苹果的 Apple AirPods 的定价。但 Pixel Buds 耳机只能和 Google 自己的 Pixel 手机配套使用。Google 在 2016 年 10 月发布了 Pixel 手机，虽然它没有在中国正式发布，但在其美国市场却有较高的保有量。

再看同样是利用 AI 实时翻译技术，满足不同语言者之间的翻译需求，科大讯飞采用的是不同的产品策略。科大讯飞推出的是一个独立设备——手持翻译机。两个人在对话时，一人对着翻译机说出自己的想说的话，翻译机就会将其翻译成对方的语言，并播放出来。如此交替，即可完成两种语言的多轮对话。科大讯飞翻译机 3.0 如下图所示。

科大讯飞翻译机 3.0，来自科大讯飞官网

特别值得一提的是，科大讯飞翻译机的离线翻译能力也很强。毕竟一个人身在异乡会遇到各种问题，而离线可能就意味着你与他人的沟通桥梁被中断了。例如，有人在异国他乡迷路了，他看不懂指路牌也无法和路人对话。基于手机 App 的翻译机往往不能胜任这样的场景，这时离线可用的翻译机的价值就体现出来了。

使用 Google 的产品，只有对话双方都有 Pixel 手机和 Pixel Buds 耳机才能实现交流。而使用科大讯飞的产品，对话的两人中只需要一个人有翻译机就可以实现交流。因此，科大讯飞的产品能适应的场景更多。

科大讯飞不仅产品不同于 Google，其商业模式也与 Google 不同。科大讯飞并没有手机业务，所以它不需要考虑手机市场的问题。它可以直接售卖能独立使用的设备，与用户的手机无关。

再看一家公司——深圳时空壶公司，该公司也有蓝牙耳机版本的翻译机。其产品的独特之处在于：一个耳机盒里有两个耳机，分别是主机和客机。使用者在使用该产品时，需要自己带上主机，让对方带上客机，就能开始对话，对话结束后收回客机即可。这个产品特征与 Google、科大讯飞的产品特征都不同。

不仅如此，该公司还有一个更特别的产品——ZERO。如下图所示，插在手机底部的小设备就是 ZERO，手机屏幕上显示的是配套的 App。

插在手机底部的 ZERO

ZERO 是一个很小的设备，可以直接插在手机上，与相应的 App 配套使用就能进行实时翻译。这个产品在众筹平台 INDIEGOGO 发起众筹后，受到了全球用户的热烈追捧。

我们可以看到，在同样的技术—场景中，可以有多种产品和商业模式，所以仅有技术是不足以推进落地应用的。技术的落地应用需要技术、产品与商业模式的互相助力，这是 AI 行业要特别重视的问题。

只有选对技术—场景，建好产品之拱和商业模式之拱，应用之桥才能畅通。众多的案例为我们提供了很多宝贵的经验，本书的内容也主要是为了帮助 AI 产品经理做好这三件事。只有做好了这三件事，AI 应用才能顺畅，AI 企业才可能取得商业上的成功。

第 2 章

快速理解 AI 技术的实质和边界

2.1　产品经理要真正地懂技术

AI 技术能力是 AI 产品经理能力体系中一项不可或缺的能力。

2.1.1　从事技术商业必须懂技术

从事技术商业的任何人都要懂技术，其中也包括产品经理。

1．技术是产品的约束条件

技术商业中的产品是基于技术的，因此技术就成了产品的约束条件。规划产品、设计商业模式不是天马行空的艺术创作，而是带着几副“镣铐”跳舞，而且还要跳得精彩。其中，技术就是其中的一副“镣铐”，我们规划产品必须要考虑技术能否实现，以及实现它所需要的成本。

产品经理在进行产品规划时，就需要做出基本判断——这项技术是否可行，其难度大小及大致成本。如果不懂技术，就很难做出这个判断。这就可能出现在规划完成之后，才发现技术上有问题，从而不得不重新进行产品规划的情况。

如果非技术人员对于技术不了解，就会产生很多误解。非技术人员往往认为技术很简单，由此会和技术人员产生很多冲突。例如，一项产品要用到图像识别功能，一些不熟悉该技术的产品经理会认为现在的图像识别技术已经很成熟了，实施起来应该会很快。图像识别的技术确实比较成熟了，但根据具体产品的不同应用场景，AI 技术人员要针对产品做很多技术工作，只有这样才能让技术真正为产品服务。

以工业质检为例，产品经理规划的质检 AI 产品可以用来代替人工质检。该产品需要采用图像识别技术，让机器来识别工业产品的缺陷。虽然图像识别技术已经比较成熟，但要从技术上真正解决这个问题并不简单，接下来通过两个问题进行具体说明。

（1）每一种工业产品可能出现的缺陷是不同的。为了让机器能正确识别这些缺陷，就要采用监督的学习方式，教会机器正确识别各种类型的缺陷。这就需要开发配套的训练系统，这个训练系统的用户是质检工人。该训练系统需要质检工人准备大量存在缺陷的产品图片，并将图片中的缺陷标注出来，从而教会机器“认识”各种类型的缺陷。

（2）复杂的光学问题。工业产品的缺陷情况很复杂，有些缺陷只有在特定角度用一定强度的光照才能发现。以手机为例，手机背面一个很浅的划痕只在一个特定的角度观察才能发现，这就涉及复杂的光学问题。针对这个问题，技术人员需要结合具体工业产品的特点设计光学系统，选用合适的光源并以合适的角度将摄像头布置在合适的位置，具体如下图所示。只有摄像头“捕捉”到了缺陷，机器才可能“辨认”出缺陷。

图中AI质检系统的光学系统是特别定制开发的，车马拍摄

这里举的都是比较容易理解的例子，很多场景中的情况更加复杂。所以说，如果产品经理不懂技术，就很难规划出好的技术产品。

2. 技术是产品经理与技术人员顺畅沟通的必要条件

既然产品规划要靠技术来实现，这就需要产品经理和技术人员进行交流。领先的产品规划常常会临近技术的边界，这对技术人员是一个挑战。产品经理只有懂技术才能和技术人员进行有效沟通。

在产品经理和技术人员交流需求时，技术人员经常说这样的话：

（1）“这个需求表述得不清楚，我们技术人员不明白，所以无法施行。”

（2）“这个需求在技术上不可行。”

（3）“这项技术难度很大，我们的人手、时间都不够。”

如果产品经理完全不懂技术，产品规划要么就只能在技术人员的压力下做出退让，导致产品竞争力锐减；要么就会导致无意义的争吵。如果产品经理懂技术，就可以这样回应对方：

（1）“是功能点表述不清楚，还是整体逻辑不清楚？你觉得怎样的表述可以让你理解得更清楚？精细原型？典型用例？还是我给你演示一个同样功能的其他产品？”

（2）“技术具体哪里不可行？是缺数据，还是没有合适的算法？”

（3）“具体难在哪个环节？哪个功能？为什么？我如果对 XX 处做一些调整，是否可以明显降低难度？”

产品经理如果这样回应，就可以和技术人员平等对话，从而尽量争取得到技术人员的支持。

2.1.2　掌握 AI 技术的层次

技术本身的专业性很高，要想达到专业技术人员的水平极难。而且现在技术本身也分得越来越细，如图像识别、语音识别的差异就很大。即使是专职的 AI 技术人员也很难做到同时掌握多项技术，更何况是产品经理。所以，产品经理掌握 AI 技术是一个循序渐进的过程，可以分层级进行。

1．最低层次，留心其他产品实现的功能和效果

产品经理在与技术人员交流的时候，如果技术人员说实现不了，那么产品经理可以给他演示其他产品实现的类似功能和效果。如果交流不畅需要上级来决定，那么产品经理的演示也有利于得到上级的支持。

这就要求产品经理要做一个有心人，主动体验不同类型的 AI 产品。只有平时多积累，才能在工作中做到有条不紊。

2．较高层次，懂技术原理

AI 技术的基本原理并不复杂。要实现产品规划的功能，产品经理在进行产品规划时需要思考：数据从哪里来？需要什么传感器？大概用什么算法？是否需要监督学习？如果这些问题能够得到解答，基本就可以判断技术是否可行了。

3．更高层次，能写代码、创建模型、训练模型

当前学写代码的环境已经有了很大改善，在 AI 开放平台上创建模型、训练模型也并不是太难的事。产品经理只要打破思想枷锁、积极行动，就一定能够达到这个层次。我建议所有想成为高层次产品经理的人，都要尽力达到这个层次。

虽然现在关于 AI 技术的课程、图书、视频教程非常多，但普遍都太过专业，不适合非计算机专业背景的人快速理解。我本人也买了不少书，看了不少知名的视频教程，还报名参加了线下培训。但我发现这些内容都太“技术”了，非计算机专业背景的人学起来非常困难。因此，我认为针对非计算机乃至非理工背景的人士，用他们能理解的方式系统地介绍一下 AI 技术很有必要。

本章没有复杂的数学知识、数学公式，而是用比较容易理解的语言来讲解 AI 技术，希望能使读者快速提升对 AI 技术的理解，为做好 AI 产品规划打好基础。

2.2 基于机器学习的当代人工“智能”

1956 年，达特茅斯会议宣告了人工智能的诞生。AI 技术在长期的发展中，已经有了实质性的变化，尽管它的名字依然叫人工智能。

2.2.1 人工智能 3 个阶段的比较

人工智能可以划分为 3 个阶段：过去、当前、未来。这不仅代表时间先后，还代表了含义的本质区别。

1．过去的“人工智能？”

这个阶段的人工智能基于人类事先制定的规则，以模式识别、专家系统为代表，其在大多数应用领域的实际表现都明显弱于人类，所以在智能一词后面加了问号。过去的人工智能只是计算机科学的一个小分支，而且是长期处于边缘地位的小分支。

2．当前的人工“智能”

“当前”要从 2012 年左右算起，具体会持续多久尚不明确。这个阶段的人工智能主要基于机器学习尤其是深度学习，且已在多个单项能力上超越了人类。从实现的结果上看，其似乎具备了一定的智能，但究其实质，当前的人工“智能”还是来自数值计算，与人类智能的内在机理还有本质区别，所以在“智能”一词上加了引号。

当前的人工“智能”仍然是计算机科学领域的一个分支，但已经成了非常热门的分支。

3．未来的“人工智能！”

未来的“人工智能！”是指未来可能实现的通用人工智能和强人工智能。如果实现了，一定是人类历史上非常重大的事件，将对人类社会乃至人类存在的意义产生根本性影响。这个阶段的人工智能才是真正的智能，“智能”一词后面的感叹号表达了这种震撼。

从学术角度上讲，未来的通用人工智能、强人工智能将成为一门独立的科学，而且将可能成为“凌驾”于其他所有科学之上的超级科学。因为强人工智能具有真正的“智能”，可以研究其他科学。

人工智能三要素——算法、算力和数据，算法是为了给算力助力、指路，数据是为了给算力提供“材料”。2006 年，杰弗里·辛顿提出深度学习算法。这是人工智能算法历史性的突破，由此算法成为 AI 技术的领导性因素。借助这种算法，人工智能在很多领域取得了快速进步，并在多个领域胜过了人类智能，如人工智能在 ImageNet 图像识别大赛中胜过人类、打败德州扑克的人类高手赢得奖金，这都是基于深度学习算法。

目前，进行规模化应用的人工智能技术大多数采用了深度学习算法。如果一定要为人工智能的第三次热潮确定一个开始年份，我认为是 2006 年，就是杰弗里·辛顿提出深度学习算法的那一年。

Google、微软、百度等互联网巨头，还有众多的初创科技公司，纷纷加入了人工智能产品的“战场”，掀起了2016年至2018年的AI发展热潮。

我们用一张表来简单对比一下过去、当前、未来的人工智能。

过去、当前、未来的人工智能对比

	过去的“人工智能？”	当前的人工“智能”	以后的“人工智能！”
基于什么	基于规则，人工将规则预先输入机器	基于机器学习，人类指导学习方法、提供数据，让机器自己去学习，从而形成“智能”	基于自主能力，不需要人类的帮助就能学习、改进
智能的实质	没有智能	从效果看，似乎具有智能	具有真正的智能
典型应用	专家系统	人脸识别、语音识别	可以在任何需要智能的领域比人类做得更好

下文提到的人工智能，除特别说明外，都是指当前的人工“智能”。

2.2.2　人工智能涉及的基本概念及其关系

人工智能涉及很多概念，有些概念在AI科学家和AI工程师的圈子里也没有达成一致。因此，要想理解人工智能，我们需要花一点时间来厘清人工智能的一些重要概念，从而使我们以后在进行讨论时，能用同一种概念对话。

人工智能，是通过人工的方式实现部分原本只有人类才能实现的智能。

机器学习，可以按字面意思来理解，就是机器自己进行学习。有了学习能力就能不断进步，这是机器学习有别于此前基于规则、基于编程的人工智能的重大区别。

我们常说人工智能的 3 个要素是算法、算力和数据（尤其是大数据）。那么，三者和机器学习是什么关系？机器学习和人工智能又是什么关系？经常被大家提到的模型又是什么？为了便于读者理解，我将这些概念的关系绘制在下面这张图上。

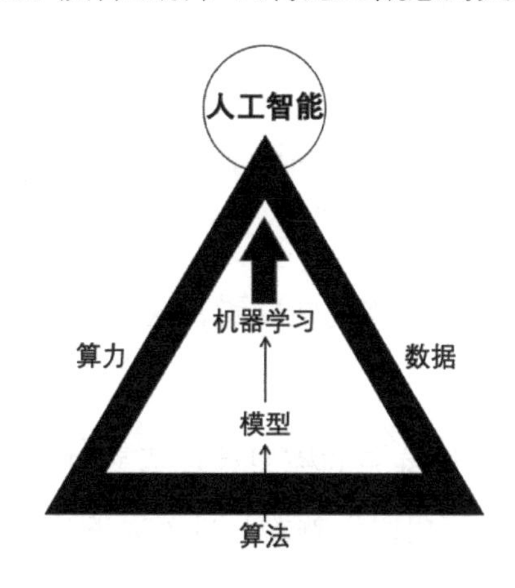

人工智能涉及的概念及其关系

根据这张图可以简要进行如下讲解。

1．算法、算力和数据

这 3 个要素协作进行机器学习，从而“培养”出人工智能。如果用人类做类比，那么人工智能的算法是大脑、算力是肌肉、数据则是食物。

2．机器学习与人工智能

人工智能是从机器学习而来的，机器最初和刚诞生的婴儿一样如同一张白纸，它通过学习逐渐具备智能。在上图中，“机器学习”上面的箭头指向“人工智能”，表明了两者之间的关系。简单地说，就是“机器通过学习产生人工智能”。

3．模型

模型是智能的载体，和以上几个概念都存在紧密关系。

如果要用 AI 解决问题，我们就需要设计、构建一个模型。

（1）模型与算法。所谓的构建模型就是用代码把模型创建出来，用代码把算法写出来。

（2）模型与算力。模型训练的本质就是进行大量的计算，这些都需要算力的支持。

（3）模型与数据。刚刚构建完成的模型是没有任何智能的，我们需要用数据对模型进行训练，让模型快速“进化”出智能。

（4）模型与机器学习。从人类的角度看，这是在进行模型训练；从机器的角度看，这就是机器学习。

（5）模型与人工智能。训练完的模型具有了某种“智能”，这时它就可以用来解决问题、发挥价值了。这可以理解为，训练完的模型承载了人工“智能”。

算法、算力和数据这 3 个要素都很重要，只有三者通力合作才能产生人工智能。如果一定要选出一个最重要的要素，我认为是算法。以 AlphaGo 的不同版本为例，随着版本的升级，其能力越来越强，但消耗的能量越来越少，其中的关键便是算法的进化。各代 AlphaGo 的算力和能量消耗对比如下图所示。

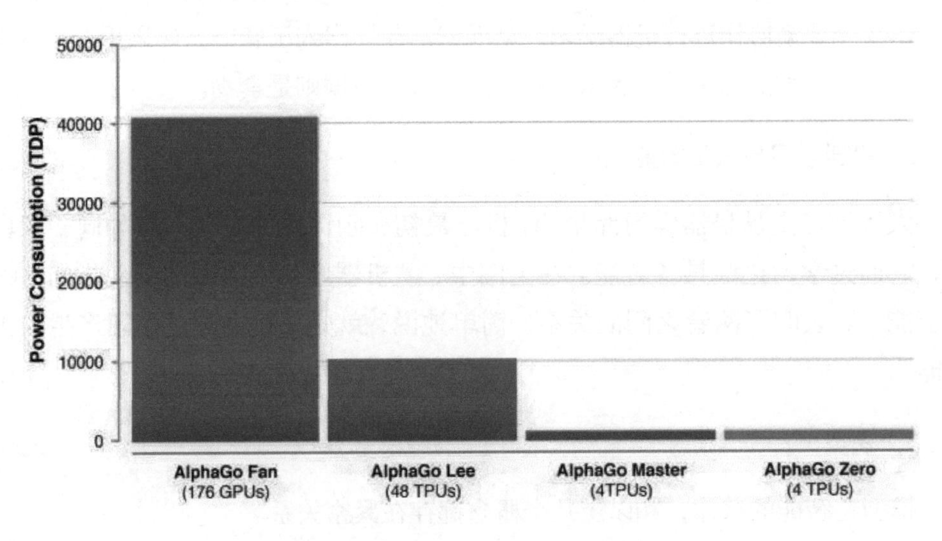

各代 AlphaGo 的算力和能量消耗对比

在上图中，Power Consumption 指用电量，TDP 指散热设计功耗。其中，横轴是 AlphaGo 按时间顺序出现的不同版本，Lee 是战胜韩国棋手李世石的版本，Zero 是战胜我国棋手柯洁的版本。从 Lee 开始，芯片从 GPU（图形处理器）换成了 Google 的 TPU（张量处理器）。在很短的时间内，AlphaGo 的能力越来越强，但消耗的算力和电力反而越来越少，这主要得益于算法的进步。如果说算力是蛮力，那么算法则是巧力。

算法的进化是非常难的，可能要十年甚至更长时间才会有重大进展，所以只有极少数科学家能在其中有所建树。相比之下，算力一直在稳步进化，数据一直在持续增加，算力、数据带来的效益更加实惠一些。

2.3　理解机器学习的类型及其算法

2.3.1　机器学习的类型

机器学习是一个博大精深的领域，有多种划分方法，也有很多容易混淆的概念。产品经理要想理解机器学习，就需要从重要的分类和概念入手。机器学习的类型及其关系如下图所示。

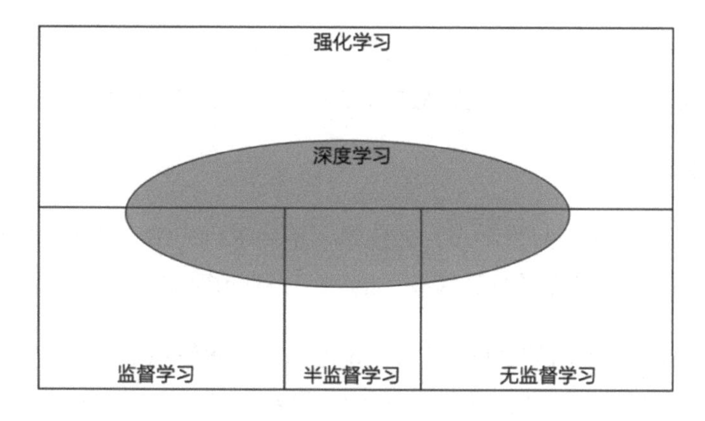

机器学习的类型及其关系

机器学习可以分为以下 5 种类型。

1．监督学习

监督学习就是机器在学习的过程中有人类进行监督。人类准备好用于训练的数据，并对数据做标记（也叫打标签），最后用做好标记的数据去训练机器。

例如，人类为了让机器能准确识别车或马，就需要准备很多张车和马的图片，并将每张图片进行标注，如图片0016是车、图片9302是马等，通过用这些标注好的图片来训练机器，可使机器具备识别车或马的能力。

监督学习有广泛的用途。以反垃圾邮件为例，人类对大量的邮件进行标注（是否属于垃圾邮件），并用这些标注数据去训练机器。机器就能从中总结出垃圾邮件的规律，从而具备识别垃圾邮件的能力。

2．无监督学习

人类准备训练数据，但不对数据做标记，而是让机器尝试寻找出其中隐含的模式和规律。

人类不对数据做标记的原因主要有两个：一是人类对有些数据缺乏足够的先验知识，因此难以对其做出标注；二是标注成本太高。

3．半监督学习

半监督学习是介于监督学习和无监督学习之间的一种机器学习，它使用的数据包含有标签和无标签两种。在实战中，通常无标签数据远远多于有标签数据。

4．强化学习

不同于监督学习和非监督学习，强化学习不要求预先给定数据。它的基本过程是机器不断尝试各种行为，并且计算获得的回报，从而探索出总体回报较大的策略。

以战胜我国棋手柯洁的AlphaGo Zero为例，它就是基于强化学习的。人类只给它输入了基本的围棋规则，并没有教给它具体的下棋策略，而是让它自己去摸索。没有人类的指导也就意味着没有人类的约束，也正因如此它才摸索出一些人类都没有尝试过的下棋策略。

因为整个学习过程都没有人类监督，所以强化学习和无监督学习很容易混淆。其实两者是有本质区别的，无监督学习探索的是数据的模式和规律，而强化学习探索的是策略。

5．深度学习

深度学习与以上 4 种机器学习的类型都有部分重叠。深度学习的“深”是指它的模型层次多且深。

深度学习的模型有很多种，如 CNN（卷积神经网络）、RNN（递归神经网络）等。CNN 是目前计算机视觉领域的主要算法。RNN 衍生出了 LSTM（长短期记忆网络）和 GRU（门控循环单元）等算法。RNN 及其衍生算法适合语音识别、机器翻译等应用场景。

不同的机器学习类型有各自适用的场景。在同一个场景中，采用不同的机器学习类型也会获得不同的效果。

以金融行业的反欺诈场景为例，针对这个场景，最初采用的是监督学习，本质就是让风险控制人员来培训机器识别欺诈。正因为依靠了人类监督，机器很难超越人的识别能力。新的欺诈方式（尤其是专业的团伙欺诈）往往不能被风险控制人员及时发现，而人类发现之后再去训练模型就会有一定延迟，这期间金融机构可能已经遭受了很大损失。其实，在这样的场景中，可以采用非监督学习，让机器自己从海量的数据中找出欺诈规律，识别出更多的欺诈行为，从而避免更多损失。

不同的机器学习类型对产品经理的工作会有不同的影响。产品经理应该重点关注的是机器学习对产品工作的影响，而不是机器学习本身的细节。例如，选定了监督学习就意味着需要准备有标注的数据，产品经理就要对数据和标注工作做出相应的规划，其所涉及的问题可能是“训练数据从哪里来”“要做哪些标注”“由谁来标注”等。

2.3.2　机器学习的算法

以上介绍的 5 种机器学习的类型，每一种都包含了很多具体的算法。机器学习的部分算法如下图所示。

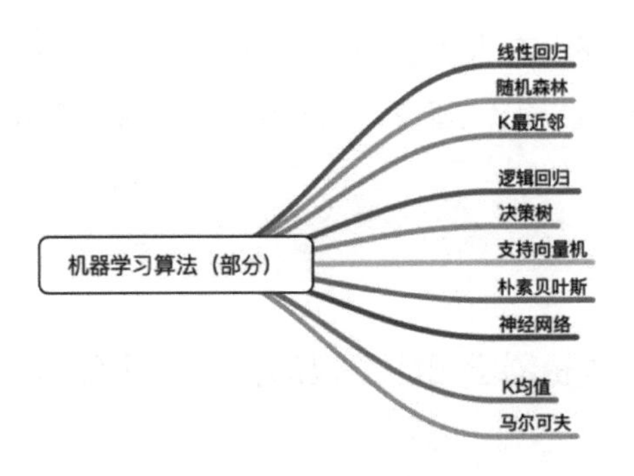

机器学习的部分算法

机器学习具体的算法数以百计，就算专业的技术人员也不可能掌握如此多算法的细节，因此产品经理对算法有整体理解即可。为了便于读者理解，我专门准备了一个小例子。

想象一个场景：在一家马术俱乐部的停车场停了几辆车，俱乐部的马因为好奇走进了停车场，车和马混在了一起。我们从空中俯拍了一张照片，现在要机器把照片中的车和马区分开。人一眼就能看出来，但机器需要算法。这是一个分类问题，需要用到分类算法，下图就展示了逻辑回归、支持向量机、决策树 3 种分类算法及对应的结果。

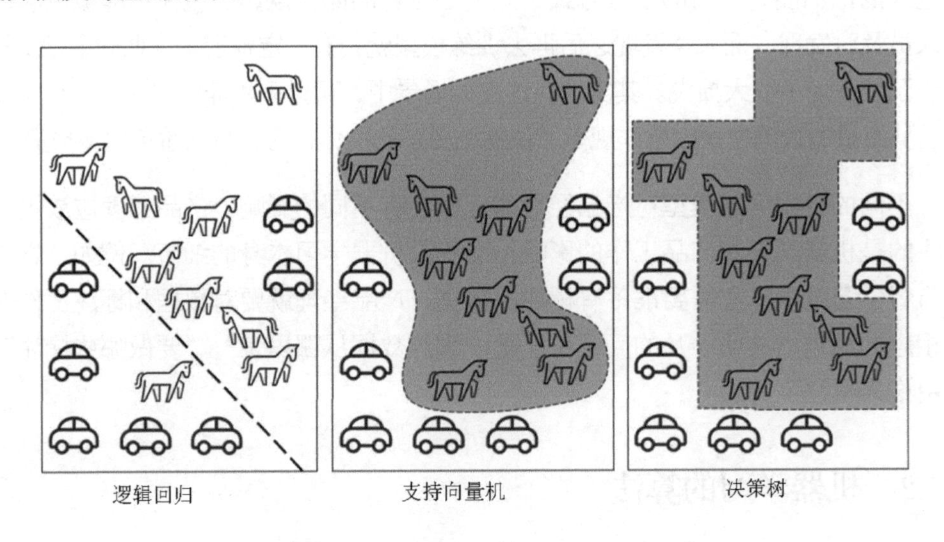

逻辑回归、支持向量机、决策树的算法及结果

上图中的矩形框代表停车场，矩形框内的图标代表车和马，虚线是算法做出的分类。

第一种算法：逻辑回归只能通过直线来分离数据。在本例中，这个算法的效果不佳——有两辆车、一匹马没有被正确区分。

第二种算法：支撑向量机没有直线限制。在本例中，这个算法完美地完成了任务——准确地区分出了车和马。

第三种算法：决策树使用自动生成的规则来分类。在本例中，这个算法也完美地完成了任务。

AI 的“智能”源于算法，它是通过数值计算的方式来解决问题的，这和我们人类有很大不同。它在解决问题时，针对同一个问题可能使用多个算法来解决，一个算法也可以用于解决多个问题。

2.4　从卷积神经网络理解深度学习

在机器学习中，神经网络与深度学习在当前具有很大的影响力，因此值得我们系统地进行理解。

2.4.1　神经网络与深度学习的概念关系

我们需要厘清神经网络与深度学习概念之间的关系。神经网络与深度学习的概念关系如下图所示。

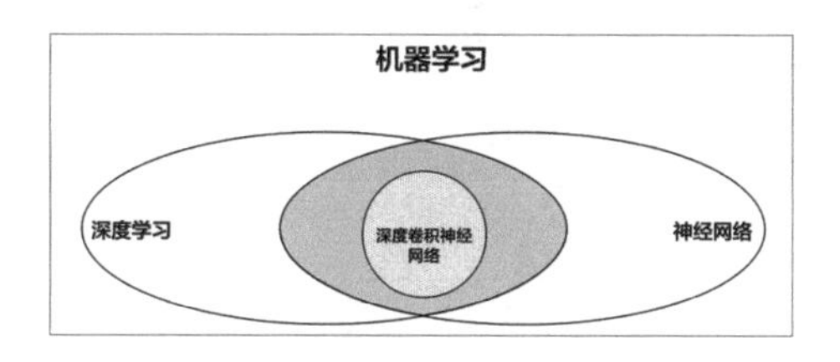

神经网络与深度学习的概念关系

机器学习包含两个非常重要的概念——深度学习和神经网络（上图的两个椭圆），两者的交集（上图的灰色部分）是深度神经网络，其中包含了深度卷积神经网络（上图中间的圆形）。 我选择了非常重要的深度卷积神经网络进行详细的讲解，产品经理理解了它也就基本理解了当前的人工智能。

2.4.2 从生物神经元到人工神经元

生物神经元是一种细胞，是神经系统的基本结构和功能单位之一。神经系统由大量的神经元细胞构成，神经元细胞由细胞体、树突和轴突等部分组成。神经元细胞的一端是树突，另一端是突触。某个神经元细胞通过一端的树突获取其他神经元细胞的突触传递过来的刺激，这种刺激单向地传递到另一端的突触，突触以化学或电作用的方式传给其他神经元细胞的树突。这样众多的神经元被连接起来，构成了生物（当然包括人类）的神经系统，孕育出了智能。下图为生物神经元的示意图，图中有两个神经元细胞，其通过突触、树突发生联系。

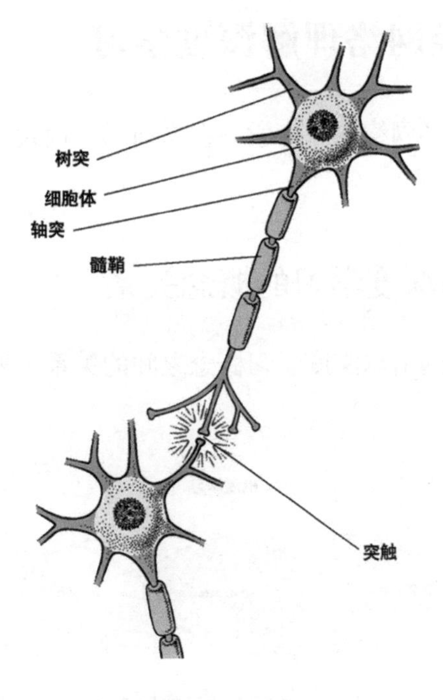

生物神经元示意图

生物神经元可以被视为基本的信息编码单元。生物神经元和生物神经系统为人工神经元和人工神经系统提供了借鉴。人工神经元模型如下图所示。

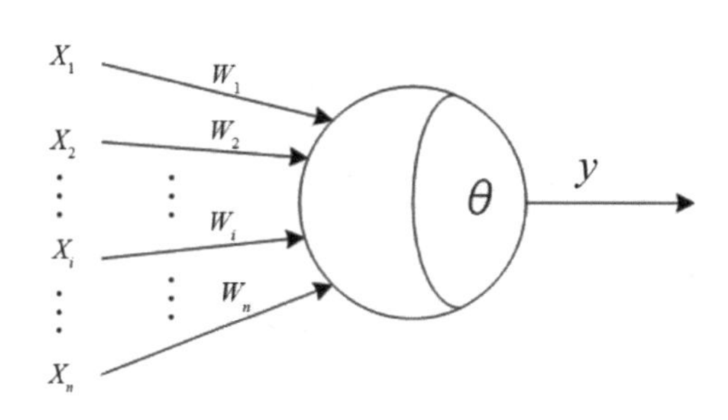

人工神经元模型

一个人工神经元接收来自其他多个神经元传递过来的多个输入值，上图用 $X_1, X_2, \cdots, X_n$ 来表示。这些输入值乘对应的权重然后求和，上图中的 $W_1, W_2, \cdots, W_n$ 等代表权重。最后，将所得到的和与阈值对比，如果所得到的和超过了阈值，就通过一个激励函数输出一个数。

激励函数，也叫激活函数。常见的激励函数有很多种，如 Sigmoid 函数（又称 S 形生长曲线）、ReLU 函数（线性整流函数）。产品经理在入门阶段不需要深究不同激励函数的数学细节，只要知道有多种类型的激励函数即可。

为了表达简洁，后文提及的神经元均指人工神经元。

从上面的介绍可以看出，神经元的功能非常简单，看上去和“智能”一点关系都没有。为了便于理解，我们不妨将神经元和晶体管做个比较。单个晶体管功能简单、能力有限，但如果将数以亿计的晶体管有机集成到一块芯片上，它就能成为功能强大的 CPU 或 GPU，成为当今信息社会的基石。同理，单个神经元虽然简单，但如果能把大量的神经元有机组合成一个神经网络，它就能实现人工智能。

2.4.3　神经网络

将大量的神经元按一定的结构连接起来，就构成了神经网络。具体的结构方式有很多种，下图是一种常见的神经网络结构。这是一个 3 层的神经网络，输入层不计入层数。

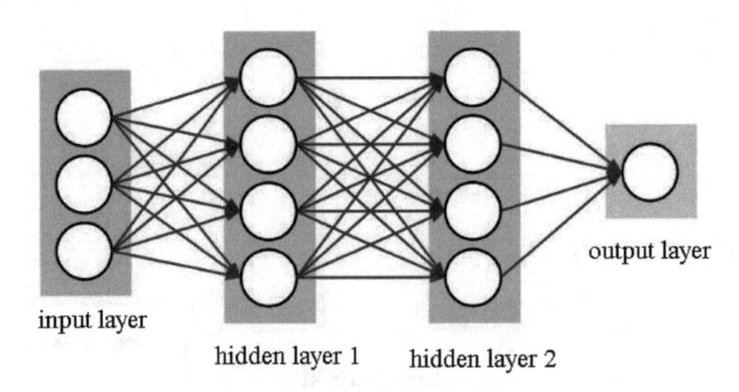

一种神经网络结构的示意图

这是一个很简单的神经网络示意图。从左往右看，输入层（input layer）输入数据，经过两层隐藏层（hidden layer）的处理，最终由输出层（output layer）输出结果，其中箭头表示数据的流向。上图中的隐藏层有两层，更简单的只有一层，更复杂的可能有数十层甚至数百层。

神经网络根据组织和训练方式的不同，分为多种类型。上面这个 3 层的神经网络只能实现简单的功能，如果要实现更复杂的功能，就需要一个更复杂的神经网络。当神经网络层数比较多的时候，就称其为深度学习神经网络。当前，人工智能的大多数应用成果，都是基于深度学习神经网络得出的。

2.4.4 卷积运算

卷积神经网络是一种重要的神经网络。2012 年，卷积神经网络 AlexNet 在 ImageNet 图像识别大赛中获得冠军，此后卷积神经网络蓬勃发展，并获得广泛应用。

卷积神经网络是以卷积运算为核心算法的神经网络。卷积是两个函数之间进行的一种数学运算，我们结合图片识别的例子来讲解。图片识别的例子如下图所示。

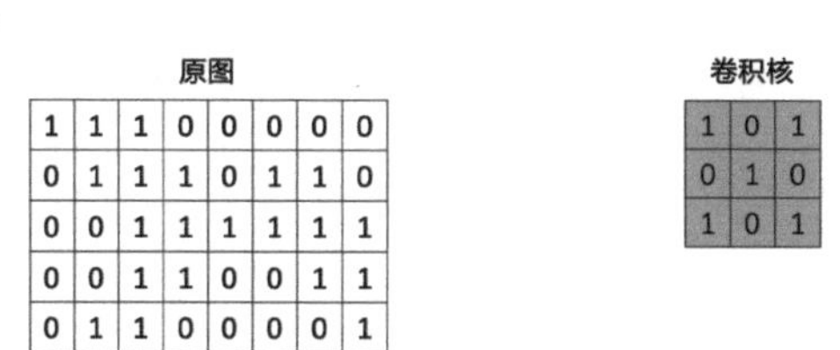

图片识别的例子

为了便于理解，我特意选用了一个很简单的原图——只有 5 像素×8 像素，图中每一个方格代表一个像素，每个像素的值只有两种可能——0 或 1。卷积核以 3 像素×3 像素为例，为了与原图区别加了灰色。

卷积运算的过程如下图所示。

第1次卷积

卷积 核处于初始位置

1	1	1	0	0	0	0	0
0	1	1	1	0	1	1	0
0	0	1	1	1	1	1	1
0	0	1	1	0	0	1	1
0	1	1	0	0	0	0	1

第1次卷积运算过程

(1×1+1×0+1×1)
+ (0×0+1×1+1×0)
+ (0×1+0×0+1×1)

卷积结果

4					

第2次卷积

卷积核向右移动一个像素

1	1	1	0	0	0	0	0
0	1	1	1	0	1	1	0
0	0	1	1	1	1	1	1
0	0	1	1	0	0	1	1
0	1	1	0	0	0	0	1

第2次卷积运算过程

(1×1+1×0+0×1)
+ (1×0+1×1+1×0)
+ (0×1+1×0+1×1)

卷积结果

4	3				

……　　……　　……

最后一次卷积

1	1	1	0	0	0	0	0
0	1	1	1	0	1	1	0
0	0	1	1	1	1	1	1
0	0	1	1	0	0	1	1
0	1	1	0	0	0	0	1

卷积核移动到终点

最后一次卷积运算过程

(1×1+1×0+1×1)
+ (0×0+1×1+1×0)
+ (0×1+0×0+1×1)

卷积结果

4	3	4	2	3	3
2	4	3	4	3	3
2	3	4	2	2	4

卷积运算的过程

卷积核先从左上角开始。灰色代表叠加上去的卷积核，每次都进行一次求内积。按顺序“滑动”卷积核，直到“滑”过整个图像，就完成了整个卷积过程，得出了卷积结果。

我们来形象地理解一下“卷积”一词——“卷”就是用一个卷积核从第一个像素开始，席卷所有的像素。“积”是内积，就是将两个矩阵对应位置的值相乘再相加。

卷积运算并不复杂，只是计算量比较大。那么，我们做卷积的目的是什么呢？简单地说，是为了从复杂的原图中提取特征。经过卷积处理之后的图像如下图所示。左图是原始图像，右图是经过卷积运算之后的结果。

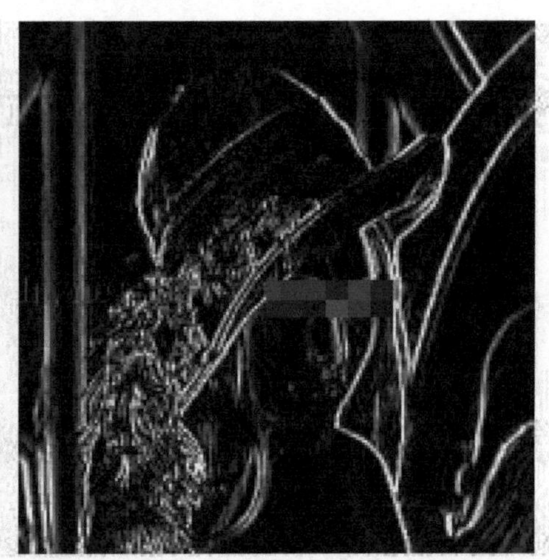

经过卷积处理之后的图像

在上图中，卷积计算将原图中的很多细节“丢”掉了，但是将物体的轮廓凸显出来了。而要判断图片中是什么内容，轮廓是重要的依据。

不同的卷积核可以从图像中提取出不同的特征。提取的特征越多，机器识别图像的准确率就越高。例如，机器识别出一个物体的嘴像鸭子嘴、脖子像鸭子脖子、翅膀像鸭子翅膀、腿像鸭子腿，那就可以判断出这个物体就是鸭子。

2.4.5　卷积神经网络的结构和处理过程

理解了卷积运算及其作用，我们来看卷积神经网络的整体结构。

人在识别图像时，首先是获取颜色和亮度特征，其次是获取边、角等局部特征，再次是纹理等更复杂的信息，最后形成整个物体的概念。卷积神经网络模拟了人类的识别方式。

卷积神经网络是以卷积运算为核心的，因此卷积层是它的核心层。但除此以外，卷积神经网络还包括其他类型的层，它们紧密配合卷积层来提取、归纳图片特征，最终在输出层输出结果。

我们举一个卷积神经网络模型的实例。这个卷积神经网络的层数较少，只能识别 0~9 这 10 个阿拉伯数字。卷积神经网络模型的实例如下图所示。

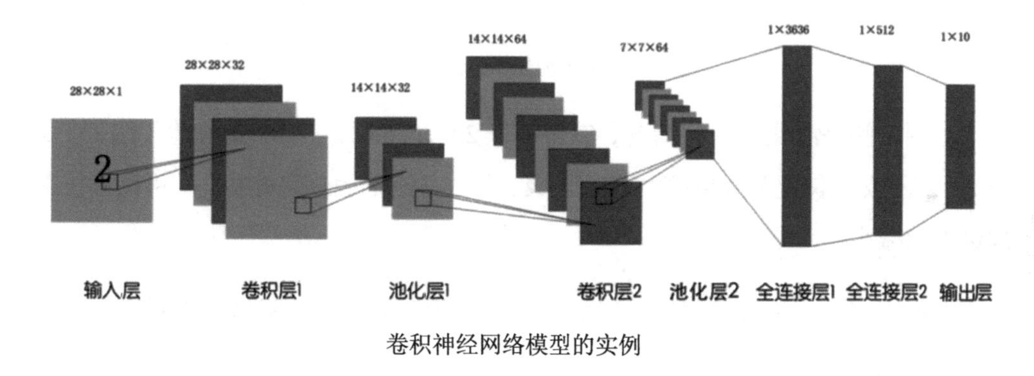

卷积神经网络模型的实例

在这个卷积神经网络模型中，输入层和输出层之间有 6 个隐藏层：2 个卷积层、2 个池化层和 2 个全连接层。

1．卷积层

卷积运算的目的是提取特征，为最终的综合判断奠定基础。上图的卷积神经网络有 2 个卷积层，可以提取更多、更细的有用特征。

2．池化层

池化层，也有人根据其实际作用将其翻译成“下采样层”。池化是对经过卷积处理后的图像进行又一次有效特征提取和模糊处理。可以简单地将其理解为对图像数据的一次“有损压缩”，能减小数据的处理量。

池化的具体算法就是将图像的某一个区域用一个值代替,如最大值或平均值。如果取最大值，就叫作最大池化；如果取平均值，就叫作均值池化。池化进一步减小了图像尺寸，大幅减少了计算量。最大池化示意图如下所示。

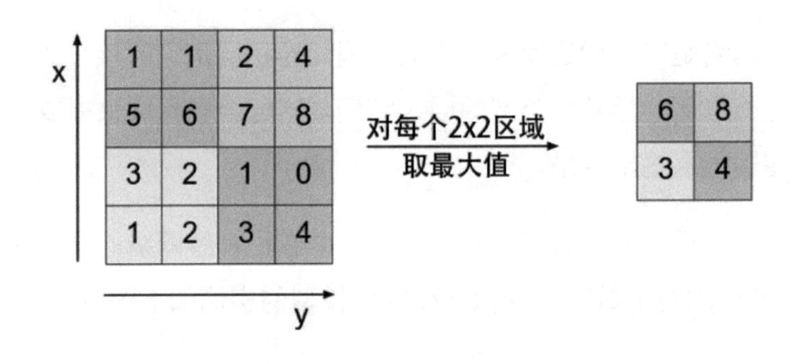

最大池化示意图

上图左侧是池化之前的情况，包含 4 个 2×2 的区域。采用最大池化法，在每个 2×2 区域中取最大值来代表这个区域。上图右侧是池化完的数据，可以看出数据量大幅减少。

卷积层与池化层交替出现，从而可以一步步提取特征、降低数据量。

3．全连接层

全连接层的每一个节点都与上一层的所有节点相连，这是全连接层名称的由来。卷积层提取的是局部特征，而全连接层将诸多的局部特征组合起来，从而在输出层做出最后的判断。

卷积神经网络相当于代表大会的整个运作过程，每个卷积核相当于一个领域的代表，众多的卷积核构成了全体代表。代表大会要对一个复杂议案进行讨论，最后决定是否通过。议案中不同的内容会被相应领域的代表理解，这相当于卷积；然后进行分组讨论、分组投票、分组计票，这相当于池化；最后要合并投票，这相当于全连接。

最后由输出层输出结果。

卷积神经网络不仅涉及卷积这一种算法，还涉及最大池化等其他算法。因为卷积是核心算法，所以才将这种神经网络命名为卷积神经网络。

2.4.6 神经网络“智能”的形成过程

并不是有了结构就有了“智能”，神经网络需要一个过程才能产生“智能”。

1．设计、创建模型

根据要解决的问题，设计模型并用代码来创建模型。

刚刚创建的神经网络模型就相当于一个刚刚诞生的人类婴儿的大脑，并不具有“智能”。“智能”的形成还要依靠后面的环节。

2．导入训练数据集，训练模型并检验

经过训练的模型才会具有“智能”。“智能”相当于人类婴儿通过学习逐渐学到的众多知识点。

训练模型需要预先导入训练数据集。数据集包含了大量的手写数字图片，有各种各样的具体样式。但仅仅将众多数字图片输入模型是不行的，因为模型并不认识这些图对应着什么数字。我们需要对数据做标注，告诉模型每张图片对应的数字。在人类的指引下，模型就会逐渐摸索出不同数字的规律。

模型训练成功与否，需要经过实践检验，这需要通过不同于训练数据的测试数据来检测模型的输出效果。训练数据、人工标注和测试数据的对应关系如下图所示。当然，真实的数据量远大于下图所示的数据量，但下图已经可以将其原理揭示清楚了。

训练数据 人工标注 测试数据

0
1
2
3
4
5
6
7
8
9

训练数据、人工标注和测试数据的对应

测试数据和训练数据是不同的。例如，我们用很多张手写的数字“3”来训练模型，让模型能正确地认出众多不同的数字“3”。目标是让它以后“看”到一个刚刚写出的（模型在训练时没有见过）数字“3”，也能准确地认出这是数字“3”。

如果能够做到，那就表明模型训练成功了。如果测试效果不好，那就要从模型本身、训练数据集等方面找出原因，并进行调整，直到获得好的测试结果。这个过程有一定的理论依据，但也有很大的经验成分。

3．使用模型，解决问题

这是我们的最终目的，让具备“智能”的模型为我们解决问题。

2.4.7 深度神经网络

随着待解决的问题越来越复杂，神经网络的层数也会逐渐增加，当其达到一定数量时就被称为深度神经网络。

斯坦福大学的李飞飞教授发起的 ImageNet 图像识别大赛号称“计算机视觉世界杯”，其部分参赛神经网络模型的层数如下表所示。

2012 年	2014 年	2015 年
AlexNet 8 层	GoogLeNet 22 层	ResNet 152 层

从表中可以看出，神经网络层数的增长速度惊人，与神经网络层数增加同步的是运算量的增长。这里存在一个边际效益递减的现象，而且递减非常严重。神经网络的层数算术级增加，导致了计算量的指数级增加，最终获得改进的可能非常小。

截至 2019 年年底，最深的模型大概有 10^7 个人工神经元，但即便如此还是比青蛙的神经系统规模要小，和人类相比更是差了几个数量级。人工神经网络的规模大约每 2.4 年翻一倍，按照这个发展速度大概到 2045 年会达到人类大脑的规模。2045 年这个时间点被认为是奇点，其根据就在于此。

深度神经网络、卷积神经网络是从不同角度对神经网络进行分类，两个概念有一定交集。深度是指神经网络的层数多、层级深；卷积是一种运算方式。在当前的工程实战中，大多数卷积神经网络都是深度神经网络。

上面举例讲解的卷积神经网络比较简单，只能识别 10 个阿拉伯数字。那么对于更复杂的图像识别，如识别一张彩色图片中的物体是车还是马，就需要用到深度卷积神经网络了。

我们来看一个深度卷积神经网络的例子——VGG 模型，它有 22 层。当模型训练完成后，给这个模型一张彩色图片，它能识别其中的物体具体是什么。

深度卷积神经网络 VGG 的结构如下图所示。每层底部的数字是该层的序号，顶部的数字是该层的神经元数量。由图可知，VGG 模型包含了 4 种类型的层。这一次我们从数据的角度来理解深度卷积神经网络是如何运作的。从左往右看，顶部的数字是该层的神经元数量。输入层是 224×224×3，前两个数字对应着图片的像素，3 代表 3 个色彩通道（RGB 色彩模式），每个色彩通道的值对应 1 个神经元。隐藏层的第 1 层是卷积层，顶部的 224×224×64 代表这一层有 224×224×64 个神经元。第 22 层是输出层，变成了一维的 1000 个神经元，这表示它可以识别出 1000 种物体。

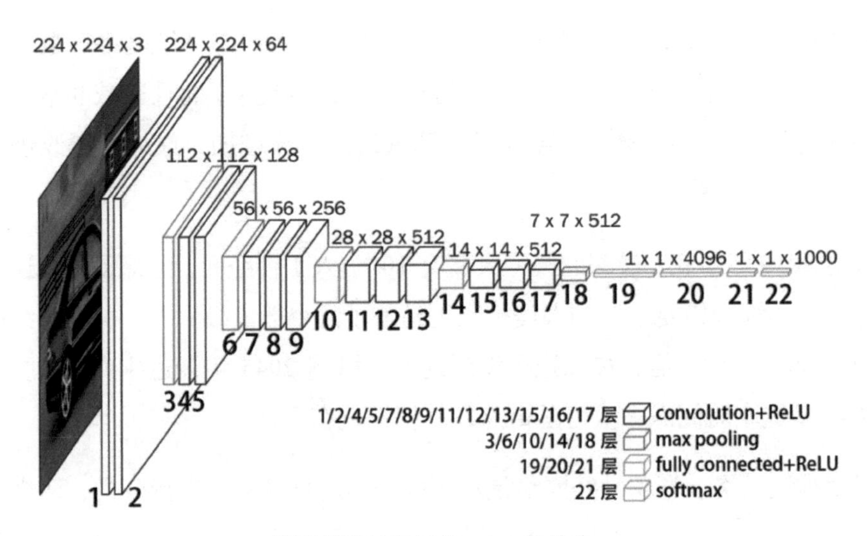

深度卷积神经网络 VGG 的结构

从数据变化的角度看，输入的原图相当于一个长宽都很大的扁平纸箱子，经过深度神经网络众多层的处理，这个扁平纸箱子最终在输出层被“拉”成了一个很窄、很薄的长纸条，这个长纸条有 1000 个格子，每个格子对应一种物体。模型根据提取的特征，把“识别”出来的结果写在某个格子里。准确地说，它在每个格子里都“写”了一个概率值。

最终输出的概率值是通过 Softmax 函数处理获得的。Softmax 函数就是归一化指数函数，产品经理不必细究其具体定义和算法，只需要知道它的作用是将分类的结果以概率值的形式展示即可。VGG 结构图中的最后一层（第 22 层）既被称为输出层又被称为 softmax 层。输出层是指该层的位置和作用（输出结果），softmax 层是指请该层执行的算法，是对同一个事物不同角度的命名。例如，输出层在“车”这个“格子”里写了一个值 0.9025，在“马”这个格子里写了一个值 0.0872 ，那么我们就可以判断图片中的物体是车而不是马。

我花了好长时间才真正理解深度卷积神经网络的原理，并深深感叹深度卷积神经网络发明人的智慧和数学的重要性。由此更确定了当前人工智能中的“智能”的源泉还是人类。人类将智能问题巧妙地转化为计算问题，而计算机还是只会做计算的机器，只是在人类的指导下表现出了“智能”的样子。

2.4.8　深度卷积神经网络的应用

以深度卷积神经网络为代表的深度神经网络，为人工“智能”带来了革命性的变化。以 ImageNet 图像识别大赛中的部分数据为例进行说明，具体如下图所示。

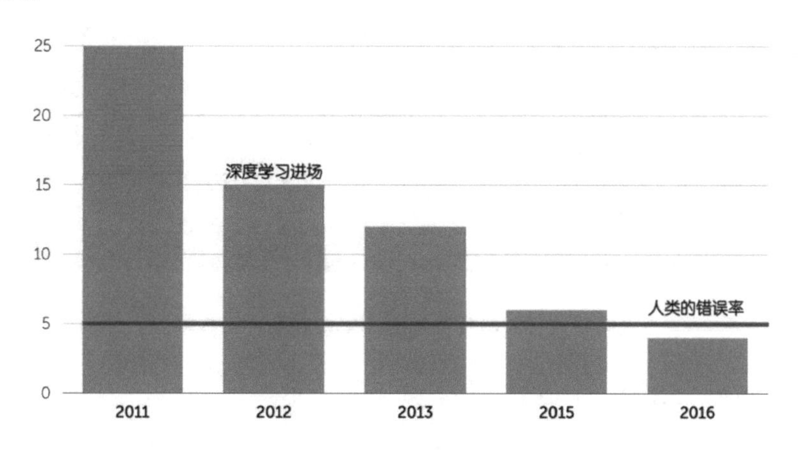

ImageNet 图像识别大赛中的部分数据

人类的错误率约为 5%，且长期稳定。截至 2011 年，人工智能的表现一直很糟糕，错误率高达 25%，这样的识别率完全无法投入使用。但在 2012 年，深度学习算法“进场”，将错误率大幅降低到 15%左右。由此赛场的风向整体转变，整个竞赛在深度学习模型之间展开。此后，人工智能的错误率逐年下降，最终低于人类的错误率，也因此开启了人工智能的应用热潮。

深度学习的应用非常广泛，其中包括人脸识别。在 2016 年至 2018 年的应用狂想期，人脸识别是热门领域之一。

人脸识别就是根据人脸图像判断人的身份，其在身份识别和身份验证中广泛应用。现在的手机普遍采用了人脸识别技术，手机通过该技术能够“认出”正在操作手机的是不是主人。这样既安全又方便，而以前这两者很难同时做到。

人脸识别的过程分两步：人脸检测和人脸体征提取。其他的工作要么为这两步配套，要么是这两步的延伸。人脸检测就是从画面中找出人脸，这是第一步。

然后针对检测出的人脸提取特征，找到每张人脸的特征值。人脸检测、人脸体征提取如下图所示。把特征信息和人脸的名称保存下来，就形成了人脸库。有了人脸库就可以进行各种应用——人脸核实身份、人脸比对及人脸搜索等。

人脸检测、人脸体征提取，来自商汤公司官网

人脸比对只是给出一个适配数值，如下图所示。

人脸比对只是给出适配数值，来自虹软科技官网

在有些场景中，86.14%的适配值就足够了，但门禁、金融等领域则要求更高的适配值。所以，如何使用人工智能模型给出的结果还是由人类根据不同的场景来决定的。

深度学习大幅度提高了人脸识别的准确度，这也是当前人脸识别领域的主流算法。深度学习对 AI 的实际应用做出了重大贡献，也造就了旷视科技、商汤等多个独角兽公司。这也是我利用大量篇幅来介绍它的原因。

2.5　人工智能的实质和机器学习的问题

2.5.1　当前人工智能与环境和人交互的全过程

为了使读者理解人工智能与环境和人交互的全过程，我绘制了一张示意图，如下所示。

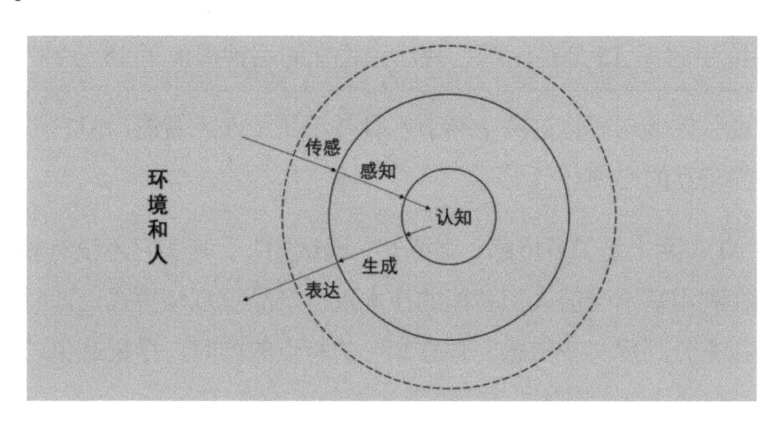

人工智能与环境和人交互的全过程示意图

上图是人工智能与环境和人交互的全过程，它包括以下 5 个环节。

（1）传感。这个环节依靠传感器完成。人工智能使用的传感器大体可以分为两类：一类是传统传感器，如普通摄像头、麦克风等；另一类是因人工智能需要而发展起来的专门的 AI 传感器。实际上，人工智能引发了传感器领域的技术爆发。越来越多的新型传感器被发明出来，让人工智能“长”出了更敏锐的“眼睛”。

（2）感知。这个环节开始涉及智能了，这也是目前人工智能比较成熟的环节。图像识别（包括人脸识别）、语音识别等都属于这个环节。

（3）认知。严格地说，这个环节的智能才是真正的智能。目前，在这个环节中，人工智能的水平还处于初级阶段。要想实现通用人工智能及强人工智能，就必须在这个环节对人工智能进行大幅提升和根本改变。

（4）生成。环境和人不知道人工智能系统的“想法”，系统需要生成内容以便表达给环境和人。它可能是一个决策、一个指令、一个句子或者一幅图画。

（5）表达。系统生成的内容以环境便于接收、人类便于理解的方式表达出来。例如，将一个指令发送给机械手臂，让机械手臂拿取一个物体；将一些内容用人类的语言通过扩音设备播放出来——“明天您的车限行。为了赶上地铁，您需要比平时早 15 分钟出门，我已经将您的闹钟提前了 15 分钟”。

严格地说，传感与表达这两个环节本身并不属于人工智能，但它们是人工智能系统与外界交互的必须环节。

现在的 AI 实际上是“多传感，强感知，弱认知”，其实它还没有真正的“智能”。人们在利用基于当前人工智能的技术进行产品规划和模式设计时要充分注意这一点，在充分利用“多传感，强感知”的特点的同时，尽量避免“弱认知”的短板。

以道路驾驶场景为例。人类在视野边缘看到一个车轮和一个车门，就能判断有一辆汽车在路边。而所谓的自动驾驶系统，看到同样的画面很难认识到路边有一辆整车。这些自动驾驶汽车安装了多个摄像头、激光雷达等传感器，在感知方面已经明显超过了人类，但是其在认知能力上仍然弱于人类。同样都是一大片白色的区域，人类可以快速准确地判断出这是白色的货车车厢，但自动驾驶汽车却可能将它判断为天空。

2.5.2 机器学习的问题

当前的机器学习虽然很强大，但也存在很多问题。产品经理要理解这些问题，并在规划、执行中充分考虑这些问题。

1. 易过拟合

过拟合也被称为过学习，是指算法在训练数据集上表现良好，但在测试数据集上表现得不好。

举个直观的例子。我们在学校学英语，原本是为了在真实的英语环境中正确使用英语。为了学好英语，老师让我们做了大量的英语练习和考试。如果是非英语专业的学生，在大学能通过大学英语六级考试，他会认为自己的英语水平已经很高了。而一旦遇到真正的以英语为母语的人，他就会发现自己连简单的交流都很难做到。长期以来，我们习惯了我国的英语老师测试的内容（往往脱离语言环境），因此能在考试中拿高分。但我们过于适应这种学习环境，反而不能应对真实的英语环境。这就是过拟合的例子。

要解决过拟合问题，根本方法还是精心安排训练数据，使训练数据集尽量覆盖各种情况，避免某种倾向。例如，我们用大量含有羊的图片训练出一个模型，我们当然希望提供一张它从来没有见过的图片，它也能准确地识别出图片中是否有羊。新的图片被一张张送入系统，系统准确地识别出了图片中是否有羊。但是，当我们将一张草坡的图片（图片中没有羊，只有草坡）给模型“看”时，模型也会错误地认为该图片中有羊。有羊的草坡图片和没有羊的草坡图片如下图所示。

有羊的草坡图片和没有羊的草坡图片

为什么会出现这样明显的错误？原来，用于训练的图片中在有羊的大多数情况下也同时有草坡。其实，机器根本不认识羊，它只是从众多图片中总结出有羊的规律。如果新的图片在很大程度上符合这个规律，它就判断有羊。而在多数训练图片中，羊和草坡是同时出现的，因此机器总结出了错误的规律。只是这个错误的规律是隐藏的，在新的图片中如果同时有羊和草坡，它就能根据这个规律做出正确的判断；在新的图片中如果只有草坡没有羊，它做出的判断就是错误的。

找到了问题的根源，解决方案就比较简单了。只需要在训练模型时，提供给机器的关于羊的图片尽量多样化，使机器找出正确的规律即可。这样的训练模式可避免机器再将草坡误认为羊。

只要人类的智能少一点，机器的“智能”就会差一点。现在的人工智能只是人类智能的外化。

2．机械、难变通

因为机器没有真正的“智能”，它只是找出了规律组合，所以它无法像人类一样变通。而变通是一种极为重要的能力，它能让人更好地适应变化的世界。

举一个例子：如果我们用数百万张耳朵竖立的兔子图片训练人工智能模型，当我们让人工智能“看”耳朵不是竖立的兔子时，人工智能会认为这不是兔子，而是一种别的动物；但如果是人类，即便从来没有见过耳朵不是竖立的兔子，也会认出这是兔子。

黑天鹅的道理也是如此。17 世纪之前，欧洲人认为所有的天鹅都是白色的。后来到了澳大利亚，在那里尽管是第一次看到黑天鹅，但欧洲人还是能立刻确认“这是天鹅，黑色的天鹅”。如果是人工智能，情况就不同了。如果用来训练模型的所有天鹅都是白色的，人工智能会将这个认知固定下来，而当其看到黑色的天鹅时，其只会认出这是一种黑色的鸟，而不会认为这是天鹅。

3．难解释、不可信

由于现在的机器学习算法越来越复杂，常常综合了多种算法，用于训练的数据集非常庞大，人类根本不可能一一检查，这就导致人工智能的模型非常复杂。

我们用大量的数据、复杂的算法及强大的算力训练出了一个模型，我们认为这个模型具有了某种智能。因为给了它 10000 张图片，它都能正确识别，但是你无法肯定第 10001 张它还能否正确识别。

4. 难识别

一张特殊图案的贴纸、人眼几乎无法察觉的噪点、一点点涂改，这些不会导致人类识别错误，但却可能让 AI 做出完全不同的判断。

稍微涂改一下路边的交通标志，人类还能正确识别，但自动驾驶系统就可能对这个重要标志视而不见，进而可能导致严重的交通事故。未涂改及涂改后的交通标志如下图所示。

未涂改及涂改后的交通标志

不仅是二维图像，一些特殊形状的 3D 物体会让激光雷达错误地把它当作行人，甚至可能完全“看”不见。

还是以人脸识别为例，识别对象配合与不配合会对识别效果产生非常大的影响。人脸考勤、人脸闸机就是配合的场景，这种场景的识别率已经很高了。而安防就是典型的不配合场景，如果再考虑环境的复杂性，真实的识别率其实要低于媒体宣传的识别率。

我们知道人脸识别现在已经在安保领域大量应用，但是现在看来还必须保留一部分人类保安，否则就有可能出现一个窃贼身穿有特定图案的 T 恤，大摇大摆地拿着东西走过去，而 AI 安保根本没有认出他是一个“人”的情况。而人类保安只要没睡着，就能将其识别出来。

在好莱坞电影《碟中谍》系列中，曾多次出现主角利用人工智能技术突破敌方防卫的桥段。在《碟中谍 3》中，主角伊森戴上面具挟持对方让其念出几个语句，就获取了对方的声音特征。伊森的同伴以此特征生成了新的语音并将其传送给伊森，接着伊森利用新的语音骗过了前来查看的保镖，从而神不知鬼不觉地将目标绑走。

如果我是这个系列的编剧，我将会在下一部电影中增加自动驾驶战车对抗的桥段。情节是这样的——伊森的团队开车狂奔，敌方的自动驾驶战车紧追不放。敌方的自动驾驶车辆非常智能，伊森团队发射的火箭弹、扔出的手雷都能被准确识别并巧妙躲过。眼看团队就要被敌方的自动驾驶战车撞毁，伊森团队中的一名成员使用车中的 3D 打印机打印了一个特殊形状的物体，将一枚手雷放入其中扔到路上。敌方的自动驾驶战车没有识别出这个物体而被炸毁，伊森团队依靠对人工智能缺陷的理解成功脱险。

了解了机器学习的这些问题，是不是对人工智能有了更立体的认识？这些认识将直接作用于我们的产品规划与商业模式设计。例如，在把数据“喂”给机器之前，我们需要对数据进行检查，从源头避免数据过拟合的问题。这不能仅仅依靠 AI 科学家及 AI 工程师，AI 产品经理也要发挥重要作用。

切记，人工智能的“智能”其实来自人工。有多少人工，就有多少“智能”。我们在规划人工智能产品、设计人工智能商业模式时，要清楚地了解当前人工智能的局限和边界，从而充分利用当前人工智能的长处，并对其短板尽量回避，或者采用其他方式进行弥补。

第 3 章

AI 商业格局、AI 应用

3.1 AI 商业格局

3.1.1 AI 商业格局的层次

理解 AI 商业格局比理解 AI 技术本身更复杂。这就好比时光倒流 20 年，在互联网行业刚刚兴起时，有几人能准确预见今天的互联网商业格局?

AI 商业格局如下图所示,其共有 4 层,从下往上依次是底层硬件、基础技术、平台/支持服务和应用。在 AI 商业中，越靠近底层竞争越激烈，残酷性接近八角笼格斗。要理解这种残酷性，可以参考 PC 整机、CPU、GPU、操作系统、办公软件的竞争历史。因为竞争都非常正面和直接,以至于难以采取措施回避和减弱,所以最终大多数领域只剩下极少数“幸存者”。

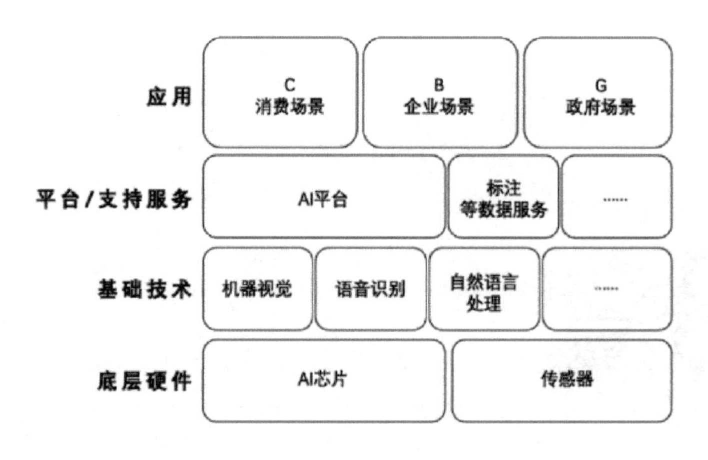

AI 商业格局图

1. 底层硬件

底层硬件主要包括 AI 芯片、传感器，尤其是为 AI 而生的新型传感器。这个领域的技术难度及商业难度都非常大，注定只有极少数的公司能在此领域成为赢家。

根据部署的位置不同，AI 芯片可以分为云端 AI 芯片与终端 AI 芯片。云端，即数据中心；终端，即手机、安防摄像头等设备。根据承担任务的不同，AI 芯片又可以分为训练芯片与推理芯片。将两种分类方式结合起来，可以用下表来表示。

	训练	推理
云端 AI 芯片	云端训练芯片	云端推理芯片
终端 AI 芯片		终端推理芯片

深度学习的训练阶段需要极大的数据量和运算量，因此训练环节只能在云端实现，所以上表中不存在“终端训练芯片”这个类型。

根据芯片本身采用的技术路线，可以将其划分为 3 类：GPU、FPGA（现场可编程逻辑门阵列）、ASIC（专用集成电路）。在 AI 芯片领域，美国的巨头公司凭借在芯片领域多年的积累，处于全面领先地位，尤其是在 GPU 和 FPGA 领域。国内 AI 芯片公司除华为海思外，多集中于终端 AI ASIC 的开发。

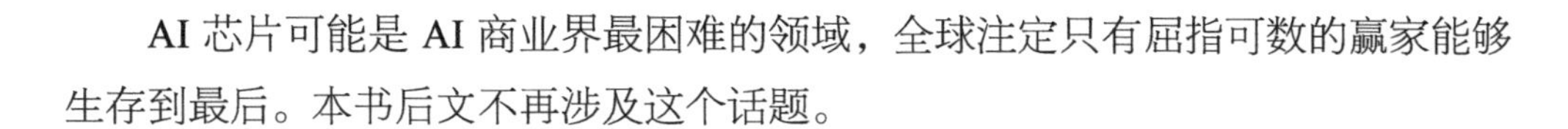

AI 芯片可能是 AI 商业界最困难的领域，全球注定只有屈指可数的赢家能够生存到最后。本书后文不再涉及这个话题。

2．基础技术

基础技术包括机器视觉、语音识别、自然语言处理、知识图谱等，这些基础技术还可以进一步细分。基础技术是 AI 学术研究的重点，很多 AI 应用的瓶颈要靠这一层来突破。这一层可以容纳的公司数量比底层硬件可容纳的要多，但每个细分领域同样只能有几家公司可以生存。

3．平台/支持服务

平台是指 AI 开放平台，如来自 Google 的 TensorFlow，来自 Facebook（脸书）的 PyTorch，来自百度的飞桨等。

支持服务的种类很多，以数据相关的服务（如数据整理、数据标注）为主。

平台/支持服务可以让 AI 技术更好地发挥作用，因此这一层已经变得越来越重要了。AI 开放平台只能容纳个位数的公司，而支持服务可以容纳较多的公司。

4．应用

应用在最上面一层，其根据用户的类型可以分为三大类场景——消费者场景、企业场景与政府场景，在此基础上还可以进一步细分。因为细分场景众多，每个场景都有自己的壁垒，所以这一层可以容纳数量较多的企业。

另外，这一层是 AI 产品经理发挥价值的地方，因此也是本书讨论的重点。

3.1.2　AI 商业格局的特点

关于 AI 商业格局，基本可以确定以下几点。

（1）AI 技术公司间的竞争会和互联网公司的竞争一样残酷。能生存下来的公司非常少，会很快形成“底层巨头+领域细分巨头”的格局。同互联网商业一样的双金字塔格局也会很快形成。

（2）AI技术公司间的竞争不仅是AI技术的竞争，还是一场综合竞争。

（3）AI商业格局的形成同样高度依赖资本支持并深受其影响。

AI商业世界从起步就很残酷。互联网巨头已经快速进入了AI商业世界，并占据了相对稳定的市场份额，所以留给新公司的机会更少了。例如，百度、阿里巴巴、腾讯这些互联网巨头都已经快速成了AI巨头。

在AI商业世界中，所有巨头以外的公司都必须面对巨头碾压的问题。巨头以外的公司，除了少数可以依靠领先的AI技术，更多的公司还是要依靠对AI技术—场景的洞察，依靠好的产品和好的商业模式，才有可能生存下去。

3.2 AI应用的经验教训

3.2.1 AI应用的阶段

AI的规模化应用呈现出非常明显的行业差异，以此可以将其划分为3个阶段。

第一阶段：互联网大公司率先大规模应用AI技术，这在2016年之前就已经开始了。

第二阶段：2016年至2018年，在AI发展热潮的推动下，各行各业在众多的场景中尝试应用AI技术，但是只在少数场景达到或基本达到预期，多数场景的应用与最初的预想有很大落差。

第三阶段：从2019年开始进入这个阶段。AI应用更加务实，其根据AI技术—场景的适配程度，有先有后、有快有慢、有深有浅地推进。

3.2.2 互联网大公司成功应用AI技术的启发

在我国乃至全球，最先大规模应用AI技术并取得明显效果的几乎都是互联网大公司，它们是AI技术应用的引领者。分析其中的原因，对其他行业场景的应用会有所启发。

（1）互联网大公司具有数据优势，非常适合 AI 技术发挥作用。

互联网大公司同时也是数据公司，拥有源源不断的大数据，而大数据是 AI 的养分，因此互联网大公司就为 AI 技术提供了非常适合的场景。

互联网大公司的数据优势不仅来自其数据体量，还来自其数据质量。互联网大公司一直对数据非常重视，很早就投入了大量的资源来提升数据质量，因此数据既有体量又有质量，这恰恰是让 AI 技术发挥作用的先决条件。相比之下，很多公司虽然也号称有大数据，但往往是数量大、质量差，很难发挥 AI 技术的作用。

其他行业要想同互联网大公司一样用好 AI 技术，首先要加强数据质量的提升，这需要相当大的投入和耐心。

（2）互联网大公司对技术有天然的亲近感，更倾向于用新的技术来解决问题。

互联网大公司大都是技术公司，它们往日的成功得益于对技术的正确使用，因此其对技术有天然的亲近感。当遇到业务问题时，它们会优先考虑用技术手段来解决。

互联网大公司应用 AI 技术并不是一帆风顺的，最初也遇到了很多问题。但因为对技术有天然的亲近感，最终还是克服了困难，探索出了正确的方法。

其他行业也应该逐渐建立对技术的亲近感,从而让 AI 技术更好地发挥作用。

（3）互联网大公司的用户基数、业务基数大，只要略有改进就能获得显著收益。

互联网大公司的规模特别适合发挥技术（包括 AI 技术）的优势。

例如，一家互联网电商公司年交易额为 5000 亿元人民币，如果在商品推荐系统中使用好 AI 技术，就可以让销售额增加 2%。2%这个比例确实不高，但它对应的金额却高达 100 亿元人民币，由此增加的利润可能很快就能收回公司在 AI 技术上的投入。

一个拥有亿级用户的互联网内容产品，如果在内容推荐系统中应用好 AI 技术，就可以让用户日均留存时间增加 15 秒钟，由此增加的广告收入一年可能就达到几亿元人民币。

除了腾讯、阿里巴巴这两个巨头，其他的互联网大公司也都在大规模应用 AI 技术。一些成立时间较短的公司，也在借助 AI 技术快速成长。以字节跳动公司为例，该公司的核心产品今日头条、抖音等都高度依赖推荐系统。只有更好地为用户推荐内容，才能更长久地留住用户。该公司最初的推荐系统并不是基于 AI 技术，而是基于人工策略——由策略产品经理制定一条条规则，然后由策略工程师来实施。然而，人工规则越多，系统的效率、可靠性也就越差，这种方式注定不会走太远。字节跳动公司逐渐将 AI 技术用于推荐系统，并取得显著成效。该公司产品的关键数据近几年有了显著增长，公司的估值也随之水涨船高。

互联网大公司对 AI 技术的成功应用，至少说明一件事——目前的 AI 技术是可以大规模应用的。

其他行业的公司，也应该充分利用自己的规模优势，充分发挥 AI 技术的价值。

3.2.3 AI 在众多行业应用不顺的原因

与互联网行业相比，很多行业应用 AI 技术的进展却并不顺利，甚至有些还是原本被普遍看好的行业。背后的原因值得分析。

1. 成本高

这与互联网行业经历过的情况非常相似。行业兴起，大量公司成立，相应行业的人才会出现短缺，相应地，其薪酬就会随之大涨。

同样的情况在 AI 领域再次出现。AI 科学家、AI 工程师的高薪酬，让高薪的互联网行业、金融行业都觉得承受不起。

除了人力成本，AI 的算力成本也很高。很多中小型公司感叹大半个行业都在为 NVIDIA 公司打工，因为该公司的 GPU，尤其是云端 GPU 实在是太贵了，而深度学习对 GPU 又有非常旺盛的需求。

高成本的问题很难在短期内解决。我们能做的就是尽量选择高价值的场景，以高价值来覆盖高成本。

2. 过度宣传甚至造假

有些公司的 AI 技术还不成熟，但为了获取公众关注推动应用，进行了过度宣传。虽然这会引起一时的关注，但最终既伤害了客户又伤害了自己。比过度宣传更恶劣的是造假，我们来回顾几个知名的例子。

2016 年，机器人索菲亚诞生在 Hanson Robotics 公司。其外表看起来和人类女性没什么不同。“她”在全球上了很多的知名电视节目，和多位知名主持人侃侃而谈，还成为知名杂志的封面“人物”。机器人索菲亚成为 ELLE 杂志的封面“人物”如下图所示。2017 年 10 月，机器人索菲亚获得了沙特阿拉伯的公民身份，一时引起轰动，但人们对“她”的质疑逐渐多了起来。最后，Hanson Robotics 公司承认，目前所有能进行对话的人工智能都是人工编程的，索菲亚也不例外。至此一个神话破灭了。

机器人索菲亚成为 ELLE 杂志的封面“人物”

Engineer.AI成立于2016年，声称自己使用AI技术实现了App开发的自动化，其于2018年拿到了近3000万美元的A轮投资。结果在2019年，《华尔街日报》曝光该公司其实是通过人类工程师App开发App的，而不是其宣称的使用AI技术开发App。

2019年3月，风投机构MMC发布报告，称在欧洲有40%左右的AI创业公司是假AI技术公司。

国内也存在这样的情况。有些所谓的服务机器人背后其实是真人在与用户对话，只是加了变声效果让声音听上去像机器人。

3．没有找准应用场景，尤其是切入场景

在AI应用中，行业应用是一个高频词。而从实操的角度看，行业这个粒度太大了，难以操作。AI技术公司应该在行业内部进一步细分场景，先从适合的细分场景入手，再扩展到大场景。只有这样一个个场景做下来，才有可能逐渐覆盖一个行业。

道理其实很简单，但头脑一热就很容易忘记。很多AI技术公司往往起步就想做行业整体解决方案，就想用AI取代某个岗位，颠覆某一行业。这种思想从一开始就是错误的，当然要碰壁。

AI技术公司普遍有锤子心态——因为自己有某项技术，从自己的角度看，发现几乎所有的行业、所有的客户都需要自己的技术，然后真的拿着技术的锤子，向众多的行业砸了过去。但是，由于其力量分散，导致砸得不深，也没有取得好的成绩。其实，锤子心态不见得就是错的。如果手中真的只有锤子，那就选一两个钉子为重点，砸深、砸透，真正砸出价值和经验，然后再将这个经验应用到其他的钉子身上。AI技术在互联网公司以外的行业应用之路刚刚开始，但AI技术公司可能是深受互联网公司“圈地”做法的影响，总想占领更多的行业、场景和客户。

锤子心态还体现在宣传上，很多AI技术公司的技术仅仅在某个领域进行了尝试，就开始大肆宣传“我砸了一颗钉子”。其实，砸钉子本身没有价值，只有砸出结果才有价值。这就好比在地球上钻一个洞没有价值，只有钻对地方、钻到了足够的深度、钻出了石油，才有价值。

4．缺乏好产品

找对了合适的场景只是确定了正确的方向，除此之外还需要好的产品来配套。但是，合格的 AI 产品经理非常缺乏，导致很多 AI 产品的产品力不足，即便配套的技术没有问题，这样的产品也不能称为一个好产品。整个 AI 行业的情况和互联网在中国兴起之时的情况非常像，产品得不到重视，同时也严重缺乏合格的产品经理。

我对层出不穷的 AI 产品非常感兴趣，同时也亲自体验了很多 AI 产品，也看了大量的产品演示和产品评测。我发现当前 AI 产品的整体水平还比较弱，只有为数不多的产品能够提供全程良好的体验。

我们来看一款 Hover Camera 小黑侠跟拍无人机。小黑侠跟拍无人机能够通过人脸识别在人群中识别主人，主人可通过手势控制其进行拍照。它还可以追踪主人选中的人自主跟拍。这个产品听上去的确不错，它也因此获得了第一批用户，但它并不能称为一个好产品。其抗风能力差，下降时遇到稍大一些的风就容易翻转跌落；电池续航很差，常常是主人刚刚进入最佳拍摄状态，它就没电了。小黑侠跟拍无人机如下图所示。

小黑侠跟拍无人机

基本功能不过关是很多 AI 产品常见的问题，我本人就多次遇见过。我曾在出门问问的展位要求工作人员演示其手表中的智能助手。当时的环境比较安静，但工作人员却无法顺利唤醒手表中的智能助手，最后把嘴贴到手表上才把智能助手唤醒，工作人员和我一同陷入了尴尬。用户将这样的产品买回来只能是失望。

5．商业模式问题

如果说业界对产品是不够重视，那么其对商业模式就是忽视。

一方面，AI行业的商业模式还在探索中，而商业模式的创新本来就是很难的。另一方面，与大量AI技术公司创始人的强技术背景有关，商业模式的课题和传统的理工背景离得很远，多数AI技术公司创始人为理工背景，其对商业模式的创新可能有些力不从心。这两个因素叠加导致AI商业领域商业模式的进化比较慢。

X技术商业非常重要的一个任务就是找对商业模式。技术为商业模式的创新提供了很大可能，同时技术商业竞争的残酷性也要求商业模式要有所创新。大多数企业对此并没有特别重视，基本还是采用销售商品、实施工程的传统商业模式。大量的企业针对同样的客户群，采用相同模式进行低水平竞争，因此竞争异常激烈。

现在的AI技术公司做着新的生意，却用着陈旧的商业模式。如果是互联网巨头、传统行业巨头，这种做法的问题还不算太大，但如果是新公司，就非常危险了。放弃了对商业模式的主动探索，就等于丢失了一大块价值。

以医疗影像AI应用为例，很多公司搞出一个单一病种辅助诊断系统，千方百计地挤进顶尖医院让医院试用，然后就期望这些顶尖医院花钱购买。其实，更适合的模式应该是让顶尖医院贡献顶尖的医疗专业能力，向广大的普通医院收费，并将一部分收益与顶尖医院分享。商业模式领先了，医生的主动配合问题、高质量的医疗标注数据等长期困扰业界的难题也就基本解决了。因此，可以说模式的力量是更高层次的力量。

3.2.4　推进 AI 应用的正确做法

在吸取以前的经验、教训的基础上，我们应该如何推进 AI 应用呢？

1．AI 技术—场景适配，选定目标场景

AI 技术的行业应用、行业落地太宽泛、太粗放，应该过渡到更细的场景。一个行业包含了众多场景，我们只有一个个场景深入理解，才能发挥好 AI 技术的价值。只有明确了具体场景，才能开始打造产品。

2．针对优选的场景，打造优秀的产品

找对了 AI 技术适合的场景，实现了 AI 技术—场景的适配，还要打造出优秀的产品。

例如，医疗影像 AI 辅助诊断产品费力进入医院影像科，但多数产品因为没有发挥出好的作用而被影像科医生放弃使用了。

AI 技术公司如果推出的产品没有受到用户的欢迎，首先要反思产品本身的问题，而不是一味埋怨用户不懂产品的优点。AI 技术要想真正走向大规模应用，发挥其价值，好产品是其必要条件，是必须要解决的问题。

2016 年至 2018 年期间出现的那些有问题的 AI 产品是值得我们关注的，我们只有从中吸取经验教训，使 AI 产品的水平得到整体提升，才能有望迎来 AI 应用的辉煌。互联网商业在中国 20 多年的发展中，其产品水平不断提高，AI 应用应该充分学习和借鉴这个经验。写作本书也是为了唤起业界对产品问题的重视，而解决问题最快的办法是让优秀的产品经理加入进来。

3．在初步成功的产品上，叠加有力的商业模式

传统的一次性付完全部费用的方式对某些产品依旧有效。例如，AI 自动泊车系统，其是需要提前安装的系统，包含硬件及 AI 能力。由整机厂向 AI 技术公司付费。尽管后续的 AI 能力还会持续升级，但很难说服强势的整机厂接受持续付费的模式，因为整机厂无法向购车用户持续收费。因此，在这个领域可能还是要

使用传统的一次性付完全部费用的模式。

但 AI 确实有更多商业模式的可能。其中，按使用量付费是比较容易被客户接受的方式，便于开拓新客户。在这种商业模式下，如果产品确实好，客户会逐渐增加使用量，从而为 AI 技术公司带来更多的收入。这比刚开始就收取大笔费用更有利于开拓市场。

AI 是一项能力，但很多情况下 AI 公司不一定为这项能力单独收费，AI 能力可以融入更大的系统中。这就是 AI 收费的隐形化，这很可能会成为一种趋势。

例如，一些有持续大数据来源的大机构客户——金融机构、公用事业单位、政府等，始终认为这些大数据是有用的，但真正起到作用的大数据非常少。这就导致大量的数据被存储起来，占用了大量的 IT 资源，消耗了大量的成本，却没有发挥作用，并且数据质量问题、数据孤岛问题很严重。这些大数据机构要么任由大数据流失，要么任由大数据堆积。随着时间的推移，这些数据会快速贬值。AI 本身就是强大的数据价值挖掘工具。一家 AI 技术公司如果能站得更高，它就可以成为一家 AI 赋能的大数据解决方案公司。其可以融合 AI 能力，为大数据机构提供大数据服务。它可以对数据进行处理，提升数据质量，按数据的价值变化进行分级存储，优化数据处理成本，连接数据孤岛，通过 AI 技术充分利用数据，产生能力。其实，很多大数据机构需要的正是这样的服务。这样的商业模式虽然门槛很高，但是一旦获得客户，壁垒也很高，能够持续产生较高的商业价值。AI 技术公司可以将部分涉及人力的服务外包，以专业化、规模化取得利润。

客户对 AI 的理解和接受需要一个较长的过程。与其等待客户慢慢理解 AI 的价值从而为其付费，不如转变商业模式，把 AI 隐藏起来，让客户为自己已经理解、已经接受的东西付费。

4. 改革团队结构，增强组织能力

一个公司要依次做好前面的三件事，需要配合相应的组织能力，而组织能力的基础就是“人才结构+组织方式”。

人才结构：除了 AI 科学家及 AI 工程师，我们还需要 AI 产品经理，依靠他

们解决产品及商业模式的问题。这样，AI 应用之桥才能建成，AI 技术才能真正产生价值。

组织方式：利用组织方式可以将这些人才组合起来，协调运作，发挥作用。

有些公司虽然已经开始重视产品和商业人才了，但引进的人才却没有很快发挥作用，这可能是因为组织方式出了问题。例如，选择目标行业、目标场景时，产品经理没有提前介入，而只是在公司确定了方向之后去做细化的工作。另外，很多公司的创始人，尤其是那些强技术背景的创始人，还不知道如何正确发挥 AI 产品经理的作用。

在以上四件事中，合格的 AI 产品经理主要做 AI 技术—场景适配和 AI 产品规划，高级的 AI 产品经理则要积极参与商业模式的设计。

合格 AI 产品经理篇

AI 产品经理就是专职管理 AI 产品的专业人士，需要具备配套的能力体系。

合格 AI 产品经理是 AI 产品经理的中坚力量，他们虽然还不能参与商业模式设计，但可以承担 AI 技术—场景适配及 AI 产品规划等重要工作，是 AI 技术落地应用不可缺少的人才。

本篇将针对合格 AI 产品经理介绍 AI 产品、AI 产品经理的定义，AI 产品经理能力体系的杠铃模型，并以此为基础，比较详细地讲解 AI 技术—场景的适配，然后安排 3 章分别介绍了 3 类公司的 AI 产品——互联网公司的 AI 产品、AI 技术公司的 AI 产品及传统行业的 AI 产品。接着在这 3 章的基础上，讲解 AI 产品规划的流程和方法。最后讲如何快速成为 AI 产品经理。

第 4 章

合格 AI 产品经理的核心工作和能力模型

4.1 AI 产品

4.1.1 AI 产品的实用定义

有不少人问过我一个基本问题："什么是 AI 产品？"最初，我给出的都是一些严谨、专业的定义，既有引用他人的又有自己原创的。但效果都不太好，听完之后大家还是一头雾水。

于是，我对 AI 产品下了一个实用定义，"投放市场"后发现效果不错，大多数人觉得这个定义简单易懂。

所谓 AI 产品，就是包含 AI 技术并且能发挥 AI 技术价值的产品。

这个定义中有两个关键点。

1．包含 AI 技术

如果一个产品中没有包含 AI 技术，那它显然就不是 AI 产品。

2．发挥 AI 技术的价值

这一点更加重要。不能是为了概念、热点，就为产品生硬地附加上 AI 技术，而是要让 AI 技术发挥作用，为产品赋能，为用户提供价值。AI 技术发挥的作用可以是核心的、关键的，也可以是外围的、辅助的。

智能硬件领域曾有过类似的教训。曾经的智能硬件所谓的“智能”并不是指人工智能，而是指能上网。不管是什么硬件，只要能连上网它就算是智能硬件了。例如，电源插座加一个无线模块连上网，就是智能插座。大量的类似产品被投入市场，结果却发现大多数产品与实际场景、实际需求脱节，联网功能增加了产品成本却并没有发挥实际作用。很多买了这种产品的用户，对其的使用率并不高。很快，大多数所谓的“智能硬件”就被市场淘汰了。对于这样的结果，这些产品的产品经理要负有一定的责任。

希望 AI 产品经理能够从中吸取教训，让适当的 AI 技术在产品中发挥实际作用，让使用 AI 产品的用户切实体会到 AI 技术的价值，从而持续使用。

4.1.2　AI 产品的构成要素

产品是有机整体，由多种要素有机组合而成，技术只是构成产品这个整体的诸多要素之一。产品经理要对产品进行整体规划，技术、设计部门要对产品进行整体实施，然后整体交付给用户使用，为用户提供价值。

AI 产品的构成要素具体如下图所示。一个 AI 产品包含 AI 技术、传统信息技术、其他技术和众多非技术要素。所以，非技术出身的产品经理不用担心自己在 AI 时代的地位。利用好 AI 技术，结合众多其他要素打造出一个好的 AI 产品，才是产品经理巨大的技术—场景价值空间。希望还在啃算法细节的产品经理，回到正确的道路上，朝着正确的方向努力。

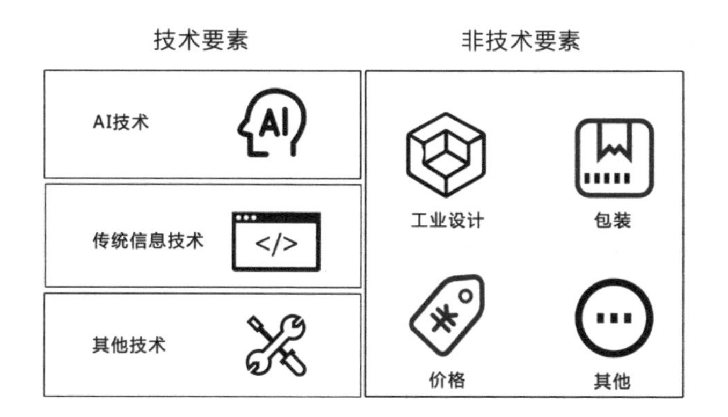

AI 产品的诸多构成要素

为了便于读者更好地理解，下面用一个 AI 产品的实例——天猫精灵智能音箱来进行说明，天猫精灵智能音箱如下图所示。

天猫精灵智能音箱，车马拍摄

天猫精灵智能音箱毫无疑问是一个 AI 产品，并且目前已经取得阶段性成功，它的出货量、保有量及日活跃用户数量都很高。

上图中，我拿的是天猫精灵中价格较低的方糖。其实，我手中的小盒子并不是完整的产品，它只是产品的一个用户端设备而已。如果断网了，即便我说多少次“天猫精灵，来一段 B-box”，它也只会对我说“网络连接失败”，毫无智能可言。天猫精灵的用户端设备加上云端智能及配套资源才是完整的天猫精灵产品。

我们再来对照 AI 产品构成要素图，拆分一下天猫精灵这个 AI 产品的构成要素。

1．AI 技术

很显然，天猫精灵能听懂你的话，能用语音做出反应，必然要用到语音识别、自然语言理解及语音合成等多种 AI 技术。

2．传统信息技术

在使用天猫精灵的过程中，涉及数据传输、数据存储等众多传统信息技术。天猫精灵要正常运作，离不开这些传统信息技术。

3．其他技术

天猫精灵的箱体有电源、麦克风、扬声器等电子器件，这就涉及电气、电声等技术。这些技术虽然“古老”，但同样也不可缺少。试想一下，你对天猫精灵说出一首歌的名字，天猫精灵立刻从云端调来歌曲播放，但播出的声音却浑浊难听，你的体验还会好吗？

4．大量非技术要素

箱体的工业设计、云端的海量内容资源等都是重要的非技术要素。这些非技术要素对产品成功与否的影响有可能比技术因素的影响更大。

以我本人为例，我先后体验了多款智能音箱，最后选择入手天猫精灵方糖的原因有两个——优秀的工业设计和亲民的定价，而这两个因素都与 AI 技术无关。天猫精灵箱体虽然材质普通，但依靠一流的工业设计依然吸引了很多用户，其工业设计甚至获得了多项设计大奖。另外，天猫精灵的价格也是比较亲民的，也因此吸引了很多用户购买。

对于其他的 AI 产品，读者不妨也对照 AI 产品构成要素图来拆分一下。多做几次，你对 AI 产品的理解一定会提升一个层次。

4.1.3　实用定义、构成要素对产品经理的价值

AI 产品的实用定义、构成要素对产品经理的价值有以下 3 点。

（1）打破了 AI 产品的神秘感，扩展了 AI 产品的范围。

多数传统产品经理对 AI 产品的理解非常窄——认为 AI 产品富有神秘感，只有 AI 技术公司才有 AI 产品。

通过以上分析，我们知道 AI 产品其实有很多类型。不仅 AI 技术公司有 AI 产品，互联网公司也有 AI 产品。AI 技术已经融入互联网产品中了，传统互联网产品经理都应该看到这个趋势，尽早将合适的 AI 技术融入自己的产品中，让 AI 技术为产品增值，也为自己增值。

（2）指明了产品经理对待 AI 技术的正确方式。

传统的互联网产品经理往往认为做 AI 产品会花费很多时间，认为只有花费很多时间才能系统掌握复杂的 AI 技术知识。

AI 技术与传统产品经理的关系，类似于核弹与政治家、军事家的关系。核弹在诞生之初，就是一种新的、强大的能力。政治家、军事家并不需要花大量精力去了解核弹的制造及使用细节，只要知道它威力惊人、杀伤力极大，且使用后有长期核污染这些特点后，就能在政治、军事中合理利用。

明白了这个道理，想升级为 AI 产品经理的人就应该明白，做 AI 产品不必花特别多的精力去理解清楚那么多技术细节，其只需要把 AI 技术视为一种新的强大的能力，理解现有 AI 技术的原理、能力边界、限制条件就可以了，更重要的是尽快让 AI 技术在产品中发挥作用。

（3）找到产品经理的技术——场景价值空间，重建产品经理在 AI 时代的信心。

很多产品经理一度认为，在 AI 时代，产品经理会沦为技术人员的附属品。

强大的 AI 技术并不意味着成功的 AI 产品。一个 AI 产品是 AI 技术、其他技

术要素与众多非技术要素的有机组合。要想将这么多不同的要素组合起来，单靠技术人员是做不到的，因此产品经理是必不可少的。所以，即便在 AI 时代，非技术背景的产品经理也不会成为技术人员的附属品，他完全可以体现自己的核心价值。

4.1.4 AI 产品的类型与主体

根据 AI 技术与产品的关系，可以将 AI 产品划分为 3 种类型，如下图所示。

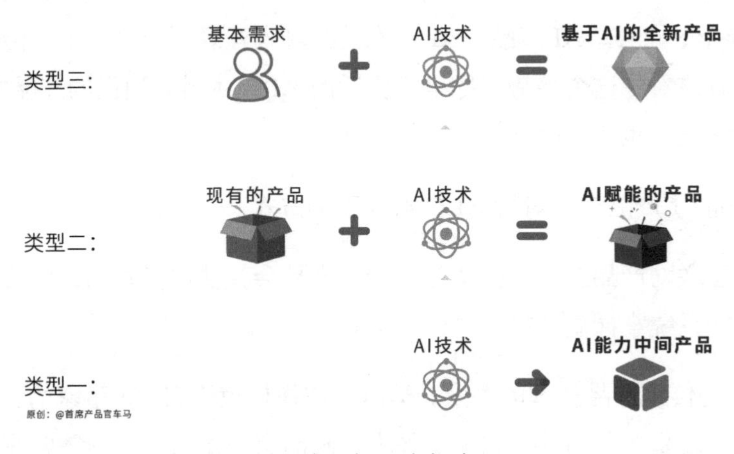

AI 产品的 3 种类型

AI 产品的主体主要有以下两类：

（1）AI 研发公司，这类公司可能会做 AI 技术的中间产品和基于 AI 技术的全新产品；

（2）AI 应用公司，这类公司可能会做 AI 赋能的产品和基于 AI 技术的全新产品。

AI 研发公司有很强的 AI 技术研发实力，能“生产”AI 技术，如科大讯飞、商汤、寒武纪、云知声等公司。

AI 应用公司，就是那些不能“生产”AI 技术，但需要应用 AI 技术的公司。而各行各业、各种规模的公司大部分需要应用 AI 技术，只是各公司对 AI 技术需求的迫切程度有所区别，进度有快有慢而已。

显然，AI 技术应用公司要比 AI 技术研发公司多几个数量级。因此，从长远来看，随着 AI 技术应用的普及，AI 技术应用公司将提供大量 AI 产品经理的职位。

基于 AI 技术的全新产品是两类公司都有可能涉及的产品。所以，AI 技术公司可能需要重新界定自己的竞争对手。如果一直做 AI 技术的中间产品，那么竞争对手只是其他 AI 技术公司；如果要做基于 AI 技术的全新产品，可能就要应对新的竞争对手。

4.1.5　AI 产品中 AI 能力的分布方式

AI 产品必定包含 AI 能力，AI 能力既可以分布在云端又可以分布在终端。AI 能力在云端与终端的分布有多种模式，下图为 3 种基本模式。

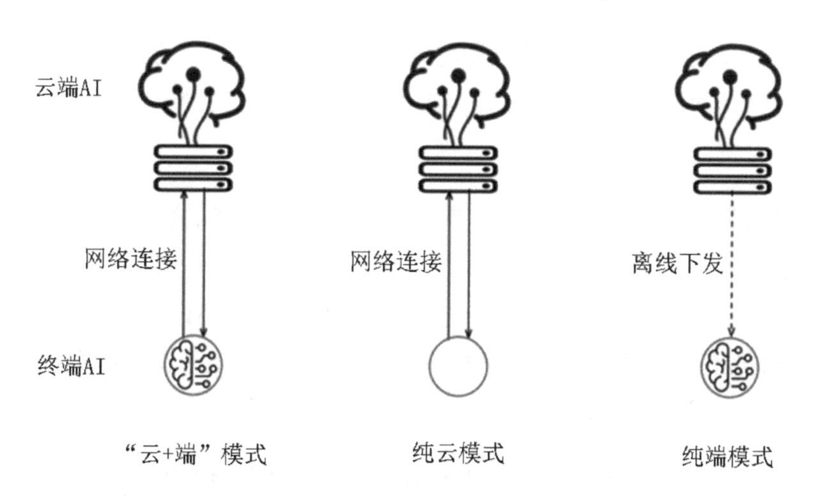

AI 产品中 AI 能力分布的 3 种基本模式

如上图所示，“云+端”模式是最常见的，云端与终端均有一定的 AI 能力，在这种模式下，两端的 AI 能力协调发挥作用。当前大多数 AI 产品采用的就是这种模式。

在纯云模式下，终端几乎没有 AI 能力，只起到向云端传递信息并从云端获取指令的作用，AI 能力完全来自云端。这种 AI 产品一旦断网基本无法使用。典型的就是天猫精灵、小度等智能音箱。我的天猫精灵一旦断网，无论我如何呼唤“天猫精灵”，它都只会回答我“网络连接失败”。可见，它采用的模式就是纯云模式。

纯云模式下的 AI 产品还有一种情况，就是 AI 技术公司的能力封装型中间产品。这种产品以 SaaS（一种软件布局模型）的形式提供 AI 能力，供客户远程调用。

在纯端模式下，AI 能力直接存在于终端，终端有 AI 芯片，直接运作终端推理工作。纯端模式通常也存在云端，但是云端不是和终端实时互联的。云端通常承担着持续训练模型的任务。在训练完新的模型之后，云端可以通过离线的方式对终端的 AI 能力进行升级。当前有些工业检测用的 AI 产品、医疗 AI 产品采用的就是这种模式。

规划 AI 产品时，云端与终端配合的方式是规划的内容之一。这 3 种基本模式各有其不同的适用场景，AI 产品应该根据场景特征选择合适的方式。以人脸识别为例，介绍一下这 3 种模式的区别。

人脸考勤和门禁一体机通常采用的是纯端模式。其只需要利用一体机本地内嵌的芯片解读获取的人脸信息。这种方式不需要实时连接云端 AI，使用成本低（只需要很少的电费而不需要服务费），速度也很快。

“普通摄像机+云端人脸识别”就是纯云模式。普通的数字摄像机不是为人脸识别定制的，它只是将包括人脸在内的画面以帧的方式记录下来。这种终端设备不具备 AI 能力，AI 能力完全在云端。运用这种模式的 AI 产品需要将摄像机拍摄的画面上传到云端，在云端进行人脸识别。这种方式产生了庞大的数据传输量，同时对云端 AI 的算力要求也非常高。

新一代的人脸识别逐渐转向“人脸抓拍机+云端人脸识别”。文安智能“明镜”智能人脸抓拍相机及设备内置 AI 芯片如下图所示。

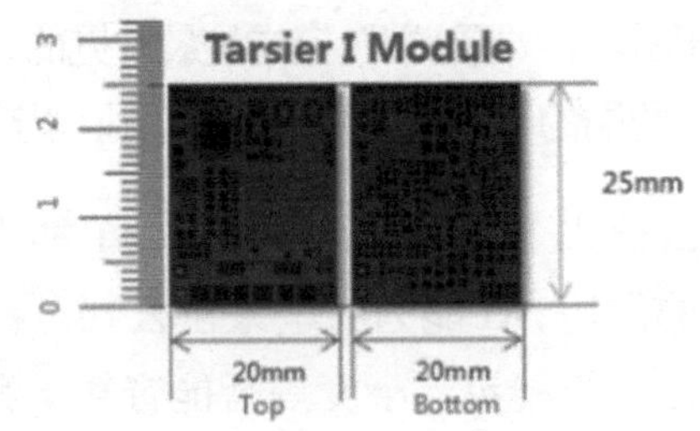

文安智能“明镜”智能人脸抓拍相机及设备内置 AI 芯片

人脸抓拍机内嵌智能人脸算法，能够自动捕获人脸，直接输出人脸图片流，这样就不需要在服务器端进行人脸检测。在这种模式下云端和终端都有 AI 能力，大大减少了数据传输量，也提高了响应速度。但是，在终端增加了 AI 能力也就增加了成本。海康威视的 AI 人脸抓拍相机如下图所示。

海康威视的 AI 人脸抓拍相机

4.2　AI 产品经理

4.2.1　AI 产品经理的行情

AI 产品经理就是对 AI 产品进行全面管理的专业人士，AI 产品规划是其核心职能之一。高级 AI 产品经理的职能还涉及商业模式设计。

市场上公开招聘的 AI 产品经理的职位名称多数叫 “AI 产品经理”，也有一些叫“人工智能产品经理”。我阅读了大量的 AI 产品经理招聘信息，从中提炼出了以下要点。

1．各种类型的公司都在招聘 AI 产品经理

阿里巴巴、京东、爱奇艺、字节跳动、小米、汽车之家等互联网公司很早就开始招聘 AI 产品经理。旷视科技、商汤、科大讯飞等 AI 技术公司也在招聘 AI

产品经理。更值得注意的是，越来越多的传统企业也开始招聘 AI 产品经理。可以看出，各公司对 AI 产品经理的需求很大。

2．薪酬高

AI 产品经理的平均月薪在 3 万元左右，也有超过 5 万元的，很少有低于 2 万元的。这个薪酬对绝大多数传统产品经理来说，是很有吸引力的。

3．对 AI 技术普遍没有太高要求

除了少数 AI 产品经理职位对应聘者的 AI 技术提出了非常高的要求，多数 AI 产品经理职位对 AI 技术的要求并不高。毕竟，AI 产品经理是产品管理的专家，不是 AI 技术的专家。

4.2.2 两类公司对 AI 产品经理的要求

AI 产品经理的职位主要来自两类公司：AI 技术研发公司与 AI 技术应用公司。两类公司对 AI 产品经理的要求有所不同。我们通过两类公司的实际职位对比一下，先看一个 AI 技术研发公司的职位：某科技公司的 AI 产品经理（美颜/互娱），其工作包括以下内容：

（1）负责云服务平台美颜业务，对数亿爱美用户的美貌负责；

（2）负责云服务平台互娱业务，做出让广大互联网娱乐用户尖叫的互娱视觉产品；

…………

很明显，该公司的 AI 产品经理要将公司自有的 AI 技术（机器视觉）产品化、商业化，以实现 AI 技术的商业价值。

再来看一个 AI 技术应用公司的职位：某酒店管理（上海）公司招聘的人工智能产品经理，其工作包括以下内容：

…………

整理人工智能客服所需要的语料和知识库，撰写需求文档，推进产品进度；

…………

该公司的主营业务是酒店服务，不会投入重金去研发 AI 技术，只需要应用 AI 技术为自己的业务服务。该公司的客服工作量很大，成本也越来越高。如果在这个领域应用 AI 技术，可以取代部分人工，从而降低成本。有些 AI 技术要用起来、用得好，是需要用户自己做很多产品工作的，还可能要做一些配套的技术开发工作。所以，该酒店管理公司需要 AI 产品经理。

特别说明一下——AI 技术研发公司、AI 技术应用公司的划分，只是为了便于广大传统产品经理理解。而对于少数自身技术实力比较雄厚的公司，其自身业务需要应用 AI 技术，则有可能有如下操作。

（1）自研以自用。例如，字节跳动公司的内容推荐系统和滴滴公司的运力调度系统等都属于自己研发、自己应用。

（2）“外购+自研”。如果需要的 AI 的技术能通过外购获得，就外购；如果需要的 AI 技术买不到或其费用较高，那就自己研发。

这样的公司既是 AI 技术研发公司又是 AI 技术应用公司，互联网大公司就是其中的典型代表。

4.3　合格 AI 产品经理的能力体系——AI 能力杠铃模型

AI 产品经理职位刚刚出现不久，用人公司及 AI 产品经理自身普遍都没有清晰地认识到 AI 产品经理的能力体系。一个人如果想成为合格的 AI 产品经理，就需要先了解合格 AI 产品经理的能力体系。只有了解了能力体系，才会有正确的努力目标。

4.3.1 合格AI产品经理的能力杠铃模型

当前的 AI 产品经理还是一个缺乏标准、缺乏体系指导的专业岗位。我根据近几年在AI领域的观察、研究及咨询实战的经验，提炼出了合格AI产品经理的能力杠铃模型。希望这个模型可以给对 AI 产品感兴趣的人提供明确的指导，让大家高效成长，这对个人及整个AI商业都是非常有利的。

AI产品经理也分为多个层次，本书讲到了两个层次：合格AI产品经理及高级AI产品经理。大多数对AI产品经理职位感兴趣的人，通过正确的方法学习一段时间后，都可以从事AI产品工作，进入AI产品之门。再加上实际工作的磨炼，一般经过 2~3 年就可以成为合格的 AI 产品经理。如果有任职互联网产品经理的经验，这个时间还可以再缩短一些。

在合格 AI 产品经理中，只有少数最终可以成为高级 AI 产品经理。高级 AI 产品经理是公司的宝贵财富，对 AI 商业、AI 应用会起到关键作用。本篇我们主要讲合格AI产品经理的能力杠铃模型，第三篇再讲高级AI产品经理的能力杠铃模型。

合格 AI 产品经理的能力体系，可以用一个形象直观的杠铃模型来表达。杠铃模型由三大部分构成：处于中心位置的杠铃、和杠铃平行的两个能力项及顶部的两个能力项，总共8个能力项。这8个能力项都是经过仔细挑选的，AI产品经理是否合格，就看他是否具备这8个能力项。

杠铃部分包含中间的杠铃杆（也叫横杆）和两端的杠铃片。杠铃杆对应着两个能力项——需求管理和AI产品规划。我们知道，无论真正的杠铃有多重，举重运动员都是抓住杠铃杆把整个杠铃举起来的。所以，需求管理和 AI 产品规划是合格AI产品经理8个能力项中的抓手能力。杠铃两端是AI技术—场景适配和实施管理。杠铃部分从左往右正好对应着日常工作流程——将合适的AI技术与合适的场景适配起来，进行需求管理和 AI 产品规划，然后推动技术部门实施管理。合格AI产品经理的能力杠铃模型如下图所示。

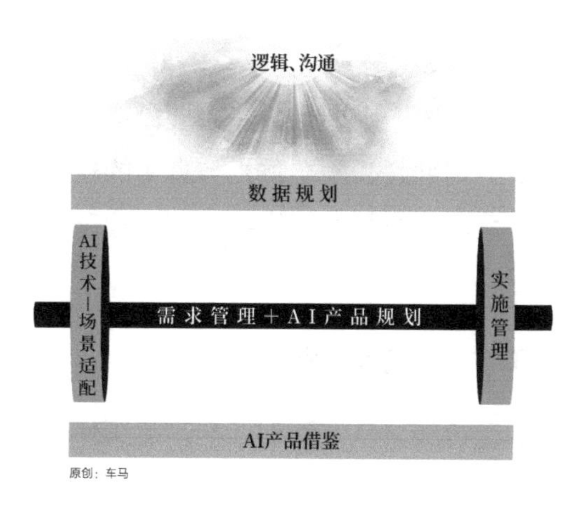

合格 AI 产品经理的能力杠铃模型

AI 杠铃模型中没有提到“产品原型绘制”“产品文档撰写”等内容。虽然实际的产品工作中少不了这些事，但杠铃模型提炼的是重要能力，而不是追求把所有能力都罗列出来。没有提到的能力项分为两种情况。

（1）其包含在重要能力项中。以“产品原型绘制”为例，它就包含在“AI 产品规划”中。产品规划通常需要用原型来表达，因此需要绘制原型。这些属于辅助能力项，其本身难度并不大，容易掌握。

（2）其属于较次要的辅助能力项、衍生能力项，不需要单独列出。以“产品文档撰写”为例，如果写不好产品文档，主要原因并不是文笔不好、不了解文档的格式，而是对需求、规划等本身没有理解清楚。需求管理、产品规划两项能力弱，就会在“产品文档撰写”上表现出来。不列出这些辅助能力项、衍生能力项，一方面是为了使模型简洁，便于大家掌握，另一方面是为了让大家关注根本、抓住关键。

4.3.2　AI 能力杠铃模型的优势

AI 能力杠铃模型是经过了长时间的打磨，经过多次迭代才成型的。与其他能力体系相比，AI 能力杠铃模型具有多方面的优势。

1．形象直观，便于理解

如果把能力杠铃模型也看作一个产品，能力杠铃模型这个产品的界面友好、便于使用。能力杠铃模型中间细长、两端重，与真实的杠铃一样。它表达了两个意思：上手从中间开始，之后的升级主要依靠两端的提升。杠铃的重量直接决定你的薪酬。

2．能力杠铃模型与工作流程高度对应

能力杠铃模型中间的杠铃部分从左到右，与产品工作流程大体吻合。将能力杠铃模型和工作流程对应起来，便于学习。

3．兼容性强、适用性强

能力杠铃模型能兼容、适应各种类型的AI产品，适用于各种类型的公司。

4．简洁扼要

没有人会认为自己的能力过多，所以针对某个职业的能力模型可以列出无数种能力要求。对于能力体系，我总结了一个基本规律：唬人的能力体系，往往能力项众多，让人失去信心；实用的能力体系，往往精简高效，让人充满信心。

5．能更好地服务于AI产品经理的终身能力增长

AI能力杠铃模型的使命就是更好地服务于AI产品经理的能力增长，而且是终身能力的增长。合格AI产品经理的能力杠铃模型和高级AI产品经理的能力杠铃模型是紧密衔接、顺畅过渡的。

希望读者先将AI能力杠铃模型用起来，在用的过程中加深对AI能力杠铃模型的理解。

4.3.3 合格AI产品经理篇的内容安排

如果将合格AI产品经理的能力杠铃模型的8个能力项一一展开讲解，需要占用大量篇幅。考虑到本书的大部分读者是互联网产品经理，AI能力杠铃模型和

互联网能力杠铃模型的整体结构是相同的，部分能力项也是相同的，因此本篇选取比较重要的、AI 特色鲜明的两个能力项重点讲解：AI 技术—场景适配；AI 产品规划。

对于 AI 能力杠铃模型中的其他能力项，如果读者有兴趣系统学习和提升，可以参考我关于互联网产品经理的两本书，按层次分为《首席产品官 1——从新手到行家》《首席产品官 2——从白领到金领》，书中对能力杠铃模型的每一个能力项都进行了详细讲解，不仅结合了丰富的实战案例，还给出了具体的应用指导。

4.3.4　AI 技术、场景与 AI 产品之间的关系

AI 技术、场景与产品之间有非常紧密的关系，我们借助一个图形来理解三者之间的关系。传统的互联网产品经理可以在这个产品化图形的指导下，快速理解 AI 产品规划的关键点，形成良好的 AI 产品工作顶层视图。下图是 AI 产品火箭模型的示意图。

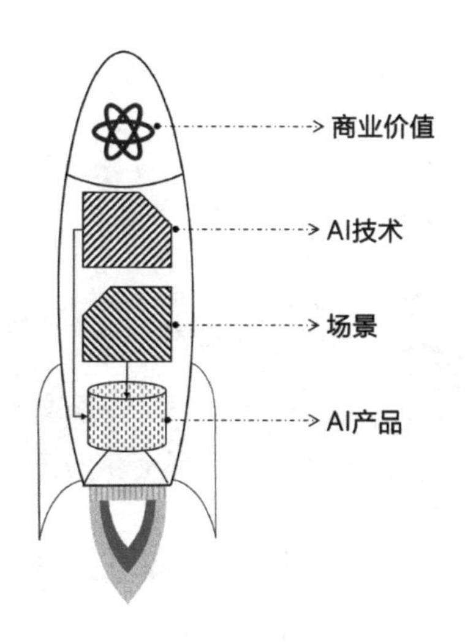

AI 产品火箭模型图

AI 产品工作的过程与航天运载火箭极为相似，这就是我将它命名为“火箭模型”的原因。在 AI 产品火箭模型图中，AI 技术对应着燃料，场景对应着氧化剂，

AI 产品对应着火箭发动机，商业价值对应着运载物。

燃料和氧化剂只有在火箭发动机中才能稳定燃烧，释放巨大的推动力，让整个火箭腾空而起，最终将运载物送入预定位置。同理，产品经理将合适的 AI 技术与合适的场景适配后，只有规划出好的 AI 产品，才能最终实现商业价值。

虽然 AI 产品火箭图看起来很简单，但它已经揭示了 AI 技术、场景与 AI 产品之间的本质关系，AI 产品经理需要认真理解。

即便 AI 技术与场景高度适配，但如果相应的 AI 产品不够好，也不会取得商业上的成功。我们以协作机器人为例进行说明。协作机器人与传统工业机器人不同，它要和人在同一个现场协同工作。它有很多的适用场景，尤其是制造、物流领域。协作机器人要用到人工智能技术，Rethink Robotics 公司是这个类别的开拓者。该公司成立于 2008 年，获得了多家知名风投机构的支持。其创始人之一 Rodney Brooks 曾是麻省理工计算机科学和人工智能实验室的主任。该公司推出的协作机器人 Sawyer 如下图所示。

Rethink Robotics 公司推出的协作机器人 Sawyer

该公司推出的协作机器人 Sawyer 并不成熟，产品远没有达到预期，它的第一批客户在实际使用中发现了很多问题，产品问题直接致使公司倒闭。

针对同样的 AI 技术与场景，丹麦的优傲机器人贸易公司推出了更好的产品，该产品更简单、更可靠、更安全，达到了客户的预期。该公司也因此成为全球协作机器人的领导企业。丹麦优傲机器人贸易公司的 UR5 协作机器人如下图所示。

丹麦优傲机器人贸易公司的 UR5 协作机器人

好的产品需要好的规划。AI 产品规划是 AI 产品经理的核心工作、抓手工作，也是产品经理价值的根本体现。产品规划不仅确定了产品的价值极限，也确定了产品经理的价值极限。

第 5 章

AI 技术—场景适配

5.1 AI 技术—场景适配的基本方法

5.1.1 AI 技术—场景的适配前提

AI 技术与场景是两个要素，要将两者适配起来的前提就是要对 AI 技术与场景两个要素都有较深的理解。这正是进行 AI 技术—场景适配的难点。以我接触的 AI 产品经理的情况而论，大多数 AI 产品经理其实对 AI 技术与场景的理解都不够深入，所以只能是上级指方向，自己去执行，其本身的作用并不大，其价值也不能得到体现。因此，产品经理只有对 AI 技术与场景都进行深入理解之后，才能将 AI 技术—场景进行适配，让公司起步就走对方向。

关于 AI 技术，我们在基础篇第 2 章进行了讲解，并且从产品经理的角度对 AI 技术的实质和特点进行了分析，其主要目的就是为本章的内容奠定基础。

相比对 AI 技术的理解，对场景的理解更加困难。因为现实中的场景非常多，每个场景都包含了丰富的内容，而且很多场景处于快速变化中。没有人能理解所有的场景，并且在他所理解的场景中，也只有少数能达到深刻理解的程度。

AI 技术有明确的学习目标和学习路径，一个智力正常的人只要足够努力，就可以实现快速入门。但场景却是另外一番景象，其学习目标、学习路径都不明确，因而场景的学习是非常困难的。

为了较快提升对场景的理解，我有一些建议可以供读者参考。

（1）从身边的商业场景开始观察。

（2）阅读关于商业场景的优秀图书，借助他人的智慧提升自己的场景理解能力。

（3）求精不求多，持续关注和深入研究一两个场景，比泛泛地了解众多场景更有价值。

举个理解零售场景的例子。每位读者都会购物，都是零售行业的顾客。作为普通顾客，我们在零售场景中只关注自己喜欢的商品，注重自己的购买体验。而作为产品经理，如果想要理解零售场景，就要跳出普通顾客的视角。例如，我们进入盒马鲜生、超级物种等新零售店铺，可以留意观察一个店铺有多大面积？以哪类商品为主打？有多少店员？观察一下其他顾客的行为，他们是单人购物还是家庭购物？正在进行什么促销活动？有什么独特的地方？只要用心，就可以看出很多东西。

再如，我们在地铁里看到自动售货机，不妨思考一下里面为什么会摆放这些商品？如果自己来运营，会如何选品？除了自己体验整个过程，不妨停留片刻观察一下其他顾客购物的全过程。

如此养成习惯，我们慢慢就能从顾客视角切换到行家视角，对新零售场景的理解也就加深了一个层次。想要快速提升对其他场景的理解，其道理和基本做法也是一样的。

5.1.2 AI技术—场景的适配矩阵

关于 AI 技术和场景的适配问题，我们可以借助一个工具——AI 技术—场景的适配矩阵来理解，具体如下图所示。

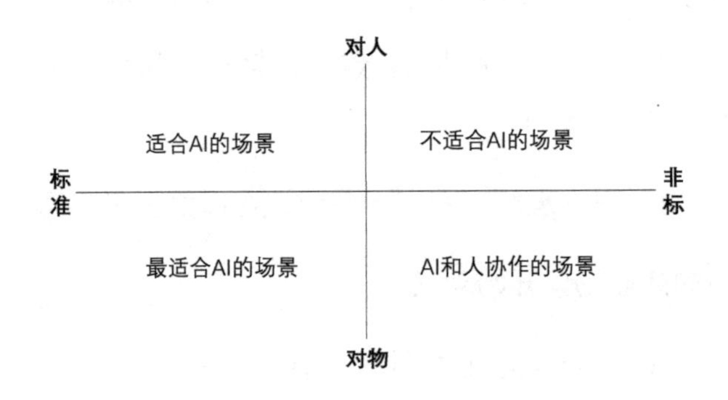

AI 技术—场景适配矩阵

我们按作业对象是人还是物、内容是否标准将场景划分为 4 个象限，这 4 个象限中的 AI 技术有不同的适用程度。

对人比较典型的场景是客服、客户接待、销售等工作。对物就是对人以外的事物，如单据整理录入、仓库管理等。当然，这种划分是为了便于理解，实际上有很多场景是融合的。以医疗场景为例，医生面对的病人是活生生的人，但在现在的医疗实践中医生实际更多处理的是物——化验结果、医疗影像等，可以说医疗场景是明显偏物的场景。

标准和非标也比较容易理解。大多数客服工作就是一种标准化程度很高的场景。在销售工作中，小额简单产品的电话销售是标准的，相比之下大额复杂产品的面对面销售就是非标准的。同样是酒店接待工作，大多数经济型酒店、中档酒店的接待是标准的、事务性的——尽快给客户办好手续，让客户尽快离开接待台。这样的标准工作，很适合用 AI 来代替人工。这样既可以降低酒店的人力成本，又会提升办理手续的效率，从而让客户更满意。但在高档酒店，接待工作的非标准性很强，其是体现高档酒店独特价值的工作。一流的接待人员会根据客人的情况说出个性化的欢迎语，让客人如沐春风。这样的接待就不适合用 AI 来代替人工，只能使 AI 起到一定的辅助作用。如果一家 AI 技术公司开发酒店行业的 AI

自助前台，显然经济型酒店、中档酒店才是合适的场景，而高档酒店则是不合适的场景。

以自动驾驶为例，在园区、场地内的自动驾驶是最早落地的，因为这些地方的驾驶场景是标准化的，很容易通过 AI 实现自动驾驶。而开放道路的自动驾驶一直是个难题，就是因为这些道路环境是非标准的，在这些非标准的道路环境中，实现 AI 自动驾驶的难度非常大。

以 AI 在军事上的应用为例。战争决策依赖的因素非常多，包括民心、军力、国际环境及其他国家的态度等，这里的因素非常多而且大多数因素无法量化，这就是典型的非标准场景，必须依靠人来完成。一旦做出了战争决定，就涉及非常庞大的后勤调度工作。这些工作因素虽然也非常复杂，但因为很标准几乎能实现数字化，很适合 AI 技术发挥作用。相比传统只靠后勤部的人工方式，AI 可以更快、更好地完成后勤调度工作。

产品经理应该放弃全面开花的思路，选择在适合 AI 技术的场景落地。

5.1.3　AI 技术—场景适配的适度原则

技术不是越先进越好，只要适合场景即可。这是产品思维和纯技术思维不同的地方。

以 93%的识别准确率为例，这样的识别率肯定不可以用于零售、安防场景，更不能用于金融场景。但在部分场景中，这个识别率却足够了。北京公交集团已经正式使用 AI 技术来识别公交车的上下车人数，准确率约为 93%。借助 AI 技术，北京公交集团可以获得每辆车在每一站的上下车人数，以数据为基础合理调配运力。如果发现在某个时段中，300 路公交车的某一站上车的人明显多于以往，北京公交集团就会立刻增加 300 路的发车量。在识别上下车人数的场景中，93%的识别准确率已经足够了。甚至从长远看，识别准确率也不需要有太大提升。一方面，在这个场景中，93%和 98%的识别准确率实际的应用效果差别并不大；另一方面，上下车时人群往往比较拥挤，所以要将 AI 系统的识别准确率提升到

98%是非常困难的。

再看一个数字——96.7%，这是北京朝阳区和西城区采用的路边停车自动计费系统的识别准确率。车主在划定的路边停车区停车后，不需要进行任何操作，可直接离开。架设在高杆上的摄像头会对停车区持续进行监控，利用 AI 技术识别车牌号并记录停车开始的时间。车主将车开走后，系统会根据时间差来扣费。车牌识别有一定的出错率，如将 A 车牌号错误地识别为 B 车牌号，从而错扣了 B 车主的钱。但因为路边停车涉及的费用不高，错扣停车费不是非常严重的问题，96.7%的识别准确率在这个场景中是能够被接受的。错扣停车费的问题可以通过事后纠错得到解决。如果 B 车主发现自己被错扣了停车费，可以通过申诉使费用退回。

AI 产品经理在进行 AI 技术—场景适配时，要把握适度原则，不要过于追求完美。

5.1.4 AI 技术—场景适配的失败案例——3D 整容效果预览

适配成功的案例比较好找，因为相关的公司会大力宣传。失败的案例却很难找，因为相关的公司一般不愿对外宣传，甚至公司内部很多人都不一定知道。然而，失败案例通常比那些成功案例更加有借鉴意义。

我经过多方寻访，找到了不少宝贵的失败案例，这里介绍一个。

一家知名机构的工程院投入很多资源研发了一个 3D 人脸建模的 App，其 AI 技术含量很高。用户按提示对着手机摄像头做几个动作，App 在 10 秒左右的时间内就可以根据刚才获取的二维图像构建出用户面部的 3D 图像，而且高度真实，还能从各个角度进行观察。

建模完成之后，用户可以选择对“鼻子”“下巴”等部位进行调整，如把下巴拉尖一点儿，鼻子调高一点儿等。这个 App 主要用在整容设计阶段。在一个有整容意向的客户走进整容机构后，医生可以让她预览整容方案及达成的效果。

根据我体验的效果，App 创建的人脸模型质量很高，调整角度与真人对比后发现 3D 模型非常逼真，可见其技术过硬。从产品角度看，这是一个完成度很高的可用产品。

然而，这项技术在向整容机构推销的过程中，被整容机构拒绝了。其实，相关负责人已经预计到了其实施过程会有障碍，但没有想到障碍如此之大。

大多数整容机构给客户讲解效果时，会使用很多美好的语句来描述，激发客户的想象。而实际情况是机构描述的效果、客户想象的效果、最终实现的效果，这三者之间的差别可能很大。因为所有的效果都是模糊的，所谓的整容前后的效果图也只是参考。这种局面对客户是不利的，但对多数整容机构是有利的。

而现在拿出的这个 App，整容机构看完演示后就会发现这个 App 其实是对客户有利，但对整容机构是不利的，整容机构当然不会使用这个 App。因为一旦有了这个 App，以前三种效果的模糊性在很大程度上就消失了，机构描述的效果就等同于客户想象的效果，客户可能会将这个效果保存下来作为证据。整容的预计效果和最终效果是有偏差的，根据医生的水平高低和客户的个体差异，这个偏差有大有小。现在，预计效果被非常清楚地以 3D 建模的方式确定了下来，非常方便和最终效果进行对比。对整容机构而言，这无疑增添了很多麻烦，因此它们非常抵触这个 App。

5.2 AI 技术—场景适配中的微机会

5.2.1 由小到大做适配

互联网技术已经全面渗透进零售场景，但这种全面渗透是经过长期发展的，是逐步完成的。最初，互联网技术从整个零售的边沿场景起步，通过互联网对少数人销售少数产品，在整个零售场景中所占的份额非常少。2000 年左右，在国美等传统零售巨头如日中天的时候，没有人认为互联网会对他们造成太大影响。经过十多年的发展，互联网技术才逐渐渗透进整个零售场景。2016 年，马云提出了新零售，2017 年刘强东提出了无界零售，引领了零售业的变革。

AI 应用也应该学习这种做法，先追求在一个单点、局部的立足，逐渐积累势能。没有行业中的单点突破，就没有渗透整个行业的解决方案。

5.2.2 微场景、微产品的特别机会

合格 AI 产品经理尚不具备洞察大场景的能力，但不妨多关注微场景并从中发现产品机会。从微场景发现机会，对合格 AI 产品经理有 3 个特别的好处。

（1）正因为是微场景，一般公司的高层常常会忽略它，这样 AI 产品经理就有了其独特的价值。

（2）正因为是微场景，其比大的场景更容易理解，与合格 AI 产品经理的能力也比较适配。

（3）正因为是微场景，相应的产品规划通常也比较简单，技术实现也会比较容易。相对于大场景的复杂产品，其更容易实现落地应用。“千鸟在林，不如一鸟在手。”AI 产品经理从微场景及对应的微产品入手，更容易积累经验。

来看两个微场景及对应产品的例子——弹幕挡脸。在网红视频和网红直播中，网红的脸占据了大部分画面，这就是一个微场景。在这个微场景中存在一个问题——密集的弹幕在画面上飘过，经常挡住网红的脸。一些热门的视频、直播，更是经常看不到网红的脸，如下图所示。

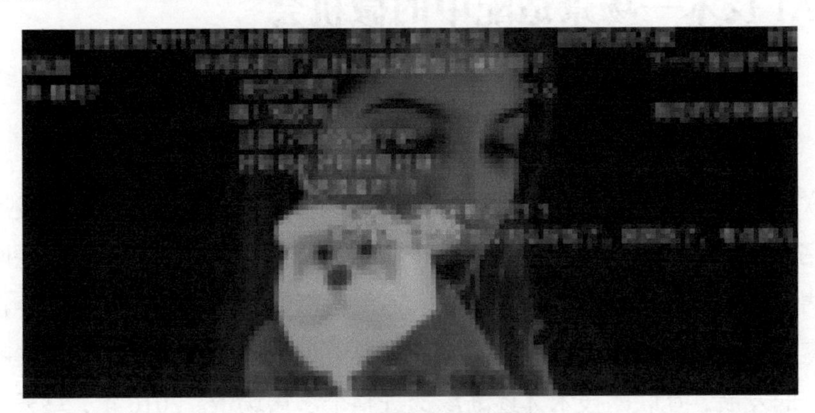

密集的弹幕挡住了网红的脸

这背后隐藏着很多用户的需求。如果能观察到这个微场景及背后的用户需求，再对 AI 技术略有了解，就很容易规划出与之对应的 AI 产品来解决问题。利用 AI 实时检测出画面中网红的脸，使弹幕飘到网红脸部时暂时不显示，弹幕飘过网红脸部区域之后再显示出来。从视觉效果看，好像是弹幕从网红的后面“穿”过去了。效果如下图所示。

弹幕从网红后面“穿”过去

这个微场景的解决方案很容易实现，有以下两点原因。

（1）需要用到的人脸检测算法相当成熟，弹幕根据情况动态变化显示状态在技术上也容易实现。

（2）这个微场景对 AI 技术的容忍度较高，偶尔因为画面质量、算法问题出现人脸检测不准导致弹幕挡脸的情况，也不会引起用户太大反感。

不要小看这个微场景及配套的产品规划，它给用户带来了实实在在的价值，有不少用户直接在弹幕中表达了自己的认可。

产品经理应该结合自己公司的情况、产品的特点选取合适的微场景作为切入点。

第6章

互联网公司的AI产品

在AI技术的利用上,互联网属领先行业,且互联网公司的AI产品经理也越来越多。

互联网产品和 AI 产品的概念是有交集的，而且交集越来越大。互联网公司的 AI 产品按照 AI 技术在其中所起作用的大小，大体可以划分为两类：AI 技术增强型互联网产品和 AI 技术原生型互联网产品。

AI技术增强型互联网产品是指原本存在一个没有利用AI技术的互联网产品，后来将 AI 技术应用到这个产品中，从而增强了其产品功能。AI 技术没有改变产品的核心功能，只是为其服务。越来越多的互联网产品都在利用 AI 技术赋能，这样的 AI 技术增强型互联网产品在互联网行业中越来越普遍。

AI 技术原生型互联网产品是指整个产品的核心功能都是基于 AI 技术的，如果没有相应的 AI 技术，就不会有相应的产品产生。随着互联网公司的产品经理对 AI 技术的逐渐熟悉，这样的产品已经开始出现，并且会越来越多，这应当引起广大互联网产品经理的重视。

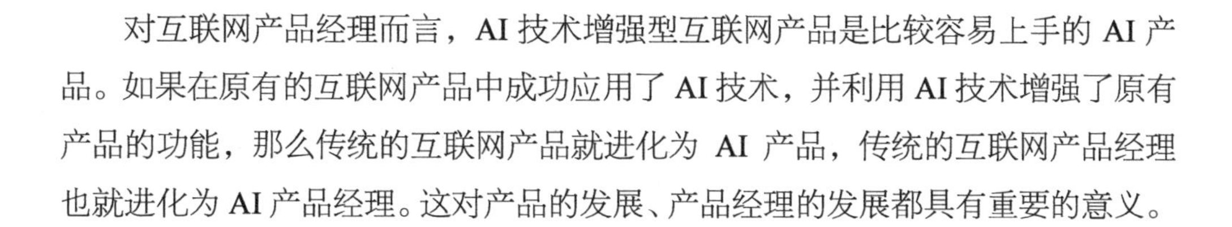

对互联网产品经理而言，AI 技术增强型互联网产品是比较容易上手的 AI 产品。如果在原有的互联网产品中成功应用了 AI 技术，并利用 AI 技术增强了原有产品的功能，那么传统的互联网产品就进化为 AI 产品，传统的互联网产品经理也就进化为 AI 产品经理。这对产品的发展、产品经理的发展都具有重要的意义。

6.1　AI 技术增强型互联网产品

6.1.1　产品案例

我们通过一个实际产品的例子来理解 AI 技术增强型互联网产品。这个产品是 Arts & Culture（艺术品与文化），来自 Google。

从众多的 AI 产品中选择它作为案例有以下几个原因。

（1）这个产品原本是互联网产品，并没有用到 AI 技术。在发布了多个版本之后，才引入 AI 技术升级为 AI 产品。

对广大的互联网产品经理而言，将原来的互联网产品升级为 AI 产品成功的机会较大，而从零打造一个全新的 AI 产品成功的机会较小。这个案例更接近读者的现实情况，其借鉴意义更强。

（2）在这个产品中，AI 技术只发挥辅助作用，并不触及核心功能。

这一点很重要。关于互联网产品的 AI 化，我的建议是，先让 AI 技术发挥辅助作用而不触及产品的核心功能。因为互联网产品经理对于 AI 技术的理解力、掌控力是需要逐步增强的，所以最好让 AI 技术一点点渗透进自己的产品。这种做法的规划风险、实施风险、运营风险都比较低。这个案例正是一个很好的佐证。

（3）这个产品知名度比较高，AI 技术的加入取得了明显的成功，很有说服力。

Arts & Culture 是一个数字化的艺术馆。它将全球众多美术馆、博物馆的藏品数字化，让用户可以随时欣赏这些艺术品。它的核心功能就是查找、欣赏数字化艺术品。其在发布之初并没有用到AI技术，只是单纯的互联网产品，后来AI技术的加入增强了其产品功能。该产品的App界面如下图所示。

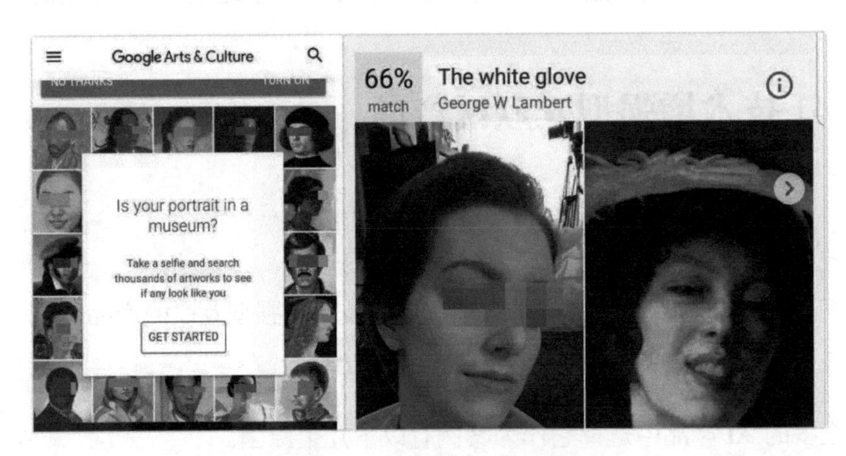

Arts & Culture 的 App 界面

上图左侧是产品App的界面，其提示用户“你的肖像在博物馆里吗”，引导用户上传自拍照。上图中间是一位女士的自拍照，上图右侧的人脸是AI系统根据这位女士的自拍照在博物馆里找到的伦勃朗的一幅画作。AI系统检测两者的相似度达到66%。需要说明的是，这个功能只有部分地区的用户可以使用。

这个功能涉及的AI技术是人脸识别技术，准确地说是人脸比对技术。就是根据一张给定的人脸图片，从人脸库中找出最适配的人脸。本例的适配人脸稍微有些特殊，所适配到的是艺术品中的人脸。

下面我们将这个案例和火箭模型进行对照，看看其中的门道。

6.1.2 案例中的AI技术、场景、产品及商业价值

1. AI技术

本案例中涉及的AI技术是人脸比对技术——针对一张人脸图片，在指定的人

脸集合中搜索，找出最相似的一张脸或多张人脸，并给出相似度分值。

那它有什么作用呢？这就不再是一个技术问题，而变成了一个产品问题，应该由产品经理来回答。一项技术的作用，其实是有无限可能的。关于人脸比对技术，一般人只会想到和真人的脸进行对比，进而想到在门禁、安防等领域的应用。我非常佩服 Arts & Culture 的产品经理，能够想到如此有创造性的想法——将用户的人脸和艺术品中的人脸进行对比。

2．场景

下图中的老人、女士各自在一幅油画前合影，我们能看出他们和画中的人物有几分相似。显然，他们也有这样的感觉，并特意摆出与画中人物相似的姿势，以便看起来与画中人物更相似一些。这是一种常见的场景，体现了人们普遍的心理反应。产品经理只有善于观察和理解这些场景，才能从中发现机会。

用户摆出相似姿势与油画合影

3．产品

仅仅实现了 AI 技术—场景的适配是不够的，还必须规划出好的产品。本案例的产品规划就做得非常好。一方面，产品既充分发挥了 AI 技术的价值，又能让广大用户（他们对 AI 技术并不熟悉）方便地使用；另一方面，AI 技术没有喧宾夺主，而是很好地服务于产品的核心功能。

4. 商业价值

如果前面的工作做得到位，产品的商业价值就会顺利得以实现。自从利用 AI 技术增加了这个新功能后，在没有增加市场投入的情况下，Arts & Culture App 的下载量猛增。其中，名人自发的免费宣传也起到了很大作用。

下图是美国的某喜剧演员在 Twitter 上发布的该 App 截图，由他主演的 HBO 电视剧《硅谷》在中国互联网行业具有很高的知名度。他将自己在 App 上的适配结果发布在 Twitter 上，其很多粉丝都被吸引下载了该 App。粉丝体验之后，又将自己的人脸适配结果发布到自己的社交圈。产品就这样实现了快速裂变传播。

美国某喜剧演员在 Twitter 上发布的该 App 截图

如果不是善于发挥 AI 技术的特点，提供这样简单、有趣的功能，显然不会有名人自发宣传，并将其粉丝转化为产品用户。如果公司要让他们宣传，就要支付大量费用。如果单纯依靠传统的市场推广，要达成这个效果则需要花很多钱。相比之下，用产品来做市场推广，用产品来做运营，显然更加高明。

我在讲解 AI 产品时，特别喜欢以这个产品为例。因为这个案例简单、好理解，又特别能说明问题。传统产品经理可以根据这个例子的思路，做出自己的第一个 AI 产品规划。

6.2　AI 技术原生型互联网产品

我们仍旧通过产品实例来理解某 AI 技术原生型互联网产品。

该产品的口号是“只需一张照片，出演天下好戏”。其主要操作步骤很简单，具体如下图所示。

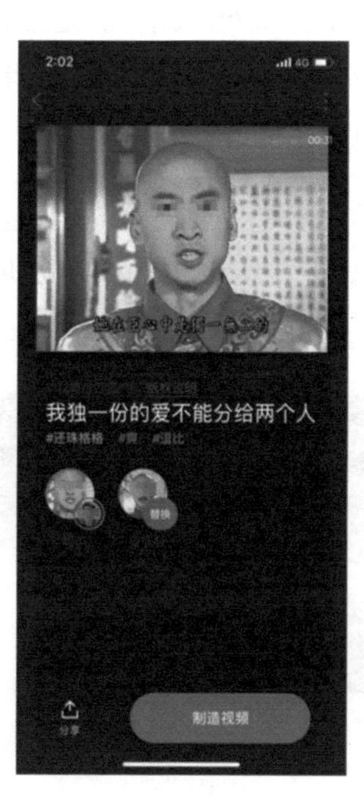

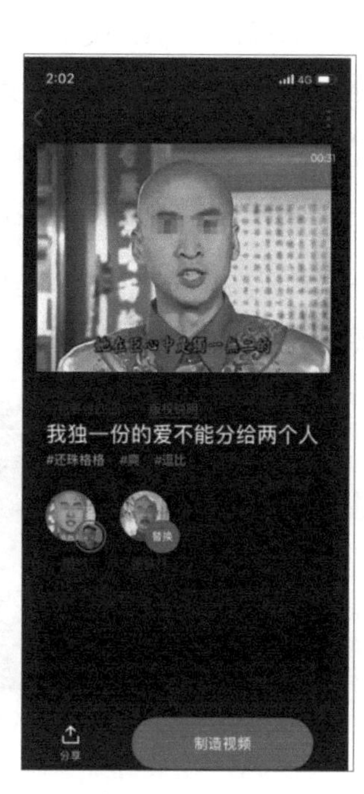

主要操作步骤

用户先上传一张端正清晰的正脸照片，然后选择喜欢的视频片段，并选择要替换的角色，点“制造视频”按钮，就能通过云端 AI 生成换脸视频。我实际体验过，效果非常自然。

这个产品涉及的 AI 技术要比上一个更加复杂，但其还是以人脸识别为基础的。为了生成换脸视频，技术上要做到以下三件事。

（1）对用户本人的脸部进行识别，提取特征点。

（2）对用户选定的视频片段中的所有人脸进行识别，提供可替换的人脸供用户选择。

（3）用用户的脸部特征替换掉目标人脸。因为替换的是连续变化的视频中的人脸，目标人脸的角度、表情都在发生动态变化，要实现自然的替换效果的技术难度很大。

之所以说是 AI 技术原生型互联网产品，那是因为该产品的核心功能只有依靠 AI 技术才能实现。如果没有人脸识别、人脸替换等 AI 技术，这个产品的核心功能就不能实现，这个产品也就不成立。

值得一提的是，这个产品虽然是 AI 技术原生型互联网产品，但它的产品亮点不仅来自 AI 技术，还来自其分享功能。它的分享功能虽然不涉及 AI 技术但也做得很好，如下图所示。

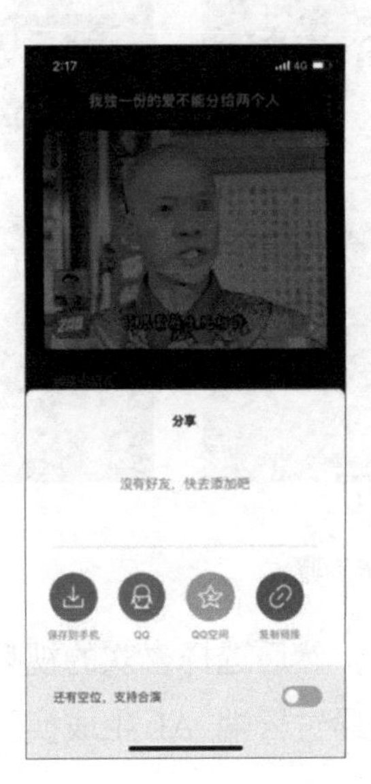

该产品的分享功能

提醒用户进行社交分享是互联网产品的标准做法，这个产品也不例外。上图左侧是分享界面，界面底部有一个开关“还有空位，支持合演”尚未打开。如果打开这个开关，分享界面就会变成右侧的样子。我选的视频有两个人物，我替换了其中一个，还有另一个人物可以被替换。我只需要复制合演代码发送给朋友，朋友复制后打开该产品 App 就可以直达这段视频，将另一个人物换成自己的脸。这个设置非常有利于社交裂变。

这个产品做到了传统 IT 技术和 AI 技术的有机融合，值得产品经理学习。在这个产品中，AI 技术是为产品价值服务的，而产品价值不一定只来自 AI 技术。

第7章

AI技术公司的AI产品

7.1 AI技术公司的项目与产品

7.1.1 AI项目与AI产品

产品的特点是可以批量打造，依靠大量产出摊薄成本，从而进一步扩大销量及用量。

与产品相对应的还有一种方式——项目。项目是针对一个个客户定制的，通常单价比较高，且实施周期长、可复用性差。当前，很多针对企业场景的 AI 应用是以项目方式进行的。

采取项目方式而不是产品方式来运作，可能是业务发展初期不得不经历的过程。身处其中的企业应该清楚地看到其存在的问题，在做项目的阶段就要为产品做好准备，使项目方式尽早转向产品方式。

7.1.2　AI 技术公司的产品类型

对于 AI 技术公司来说，AI 技术是公司的核心竞争力之一。AI 技术公司的 AI 产品，根据产品的使用对象和特点可以分为两大类。

1．中间产品

AI 技术公司的中间产品本质上是封装起来的 AI 能力，多数以 SaaS 方式为用户提供服务，也有少数以本地模型的方式提供给用户。中间产品不是直接提供给最终用户的，而是要通过中间用户集成到最终的产品中再提供给最终用户。

以传统产品为例，德国采埃孚公司生产出汽车变速箱，提供给宝马公司、上海通用公司、一汽集团等汽车整车厂，整车厂将整车（包含了变速箱）卖给最终用户。其中，德国采埃孚公司相当于 AI 技术公司，变速箱相当于中间产品，一汽集团等汽车整车厂相当于中间用户。

2．最终用户产品

最终用户产品就是 AI 技术公司直接提供给最终用户的产品。根据最终用户的性质，最终用户产品还可以分为 2B 最终用户产品和 2C 最终用户产品。

AI 技术公司的产品类型可以用下表来表述。

	企业用户	个人用户	用户购买产品的目的
中间产品	2B 中间产品	（不存在 2C 的中间产品）	打造自己的产品，出售给最终用户，满足最终用户的需求
最终用户产品	2B 最终用户产品	2C 最终用户产品	直接使用，满足自身需求

7.2　AI 技术公司的中间产品

7.2.1　AI 技术公司的中间产品的特点

典型的中间产品是以 SaaS 方式提供 AI 能力，供用户远程调用。

例如，旷视科技提供的 FaceID 就是一个典型的中间产品。FaceID 如下图所示。

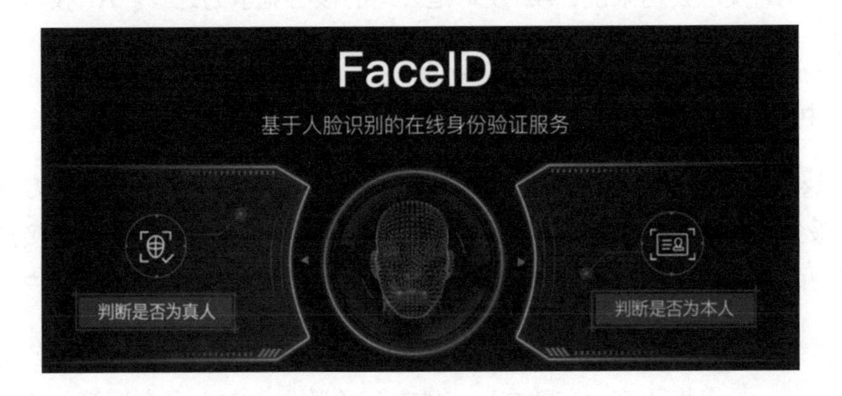

FaceID

旷视科技将自己的人脸识别技术及云端能力封装成产品，提供给金融、在线直播平台等中间用户，使他们可以简单方便地对最终用户进行认证。如果没有这样的中间产品，中间用户就需要自己花费大量的精力对最终用户进行认证。

为了尽量方便中间用户使用，中间产品通常会提供多种接入方式。例如，FaceID 就提供 4 种接入方式：功能强大但较复杂的 SDK（软件开发工具包）方式，还有比较简单的移动端 H5、PC 端 H5、微信小程序方式，以适应多种场景。

经过这样的封装加上丰富的接入方式，普通的 IT 人员即使完全没有系统学习过 AI 技术，也能使用这种 AI 能力。

AI 中间产品的收费方式和 SaaS 类似，通常按使用量向中间用户收费。

7.2.2 产品经理在中间产品中的作用

AI 技术公司的中间产品是一个技术含量很高的产品，产品之间的竞争主要比拼的是 AI 技术。但是，在 AI 技术之外，产品经理仍然能发挥自己的作用。

例如，需要身份认证的企业有很多，不同类型企业的身份认证的需求是不同的。有些机构（如金融等）对身份认证有特别的需求，平安科技公司推出的平安

π 综合身份核验产品就满足了这种需求。

金融机构的场景非常丰富，客户在办理不同的业务时，需要不同等级的身份认证。并不是所有的场景都需要最高级别的身份认证，那样虽然足够安全但却损害了用户体验。平安 π 综合身份核验产品在同类产品中，率先采用 3 档 10 级活体方案，正好满足了金融机构分场景、分级别身份认证的需求，具体如下图所示。

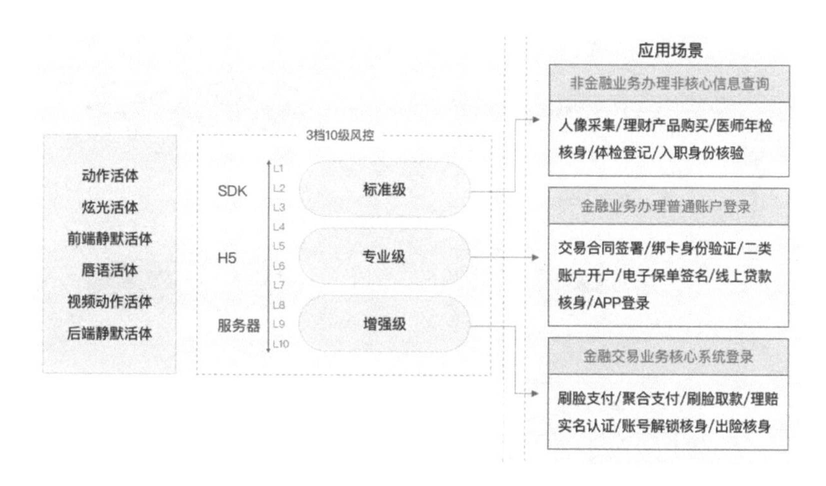

平安 π 综合身份核验产品

左侧是产品采用的技术，中间是相应的安全等级，右侧是各等级对应的应用场景。

例如，我国银行的对私账户采用了分级管理方式，其中二类账户的限额小，只适用于小额支付。因此，银行客户在开设二类账户时，身份认证只需要达到专业级。而保险公司在客户出险需要核实身份时，因为涉及的金额较大，就要求身份认证达到增强级。

这是一个非常切合用户需求的产品，不同级别对应不同的应用场景。尽管平安科技推出身份认证产品的时间较晚，但依然获得了不少金融客户。除平安集团旗下的陆金所、平安证券以外，泰国汇商银行、南非 Discovery 旗下银行等都是其产品客户。

再看平安科技的另一个中间产品——声纹核身。相比人脸识别技术，声纹识别技术使用较少，但这个 AI 技术却有非常适配的场景——电话语音场景。目前，电话语音依然是金融机构重要的服务通道，在电话语音中无法进行人脸识别，但很适合进行声纹识别。在电话语音场景中，传统核身与声纹核身的对比如下图所示。

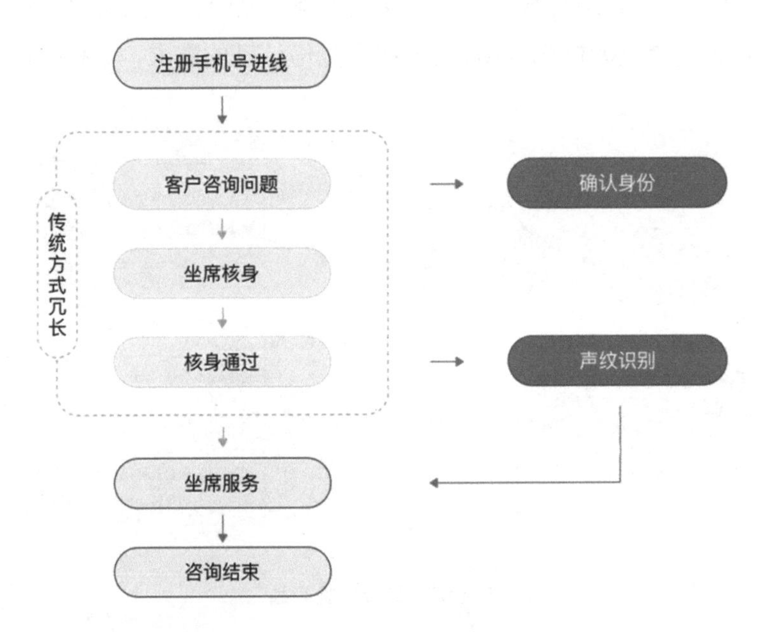

电话语音场景中的传统核身与声纹核身的对比，来自平安金科

在电话语音中，核实用户身份是一个很烦琐的过程，信用卡用户在拨打信用卡服务热线时都有过类似体验。用户不仅需要用注册手机号拨打，输入卡号、查询密码，有时还要回答客服人员提出的额外问题。而且，每次拨打服务电话，都要重复这个烦琐的过程。在这个场景中使用声纹识别技术，只需要注册声纹一次，以后就可以通过声音完成身份认证，过程简单，明显改善了用户体验，也减少了占线时间，节约了金融机构的运营成本。

AI 技术公司中间产品的技术实现需要靠技术人员，但产品规划要靠产品经理。虽然中间产品是明显偏 AI 技术的，但只要是产品就涉及用户、场景、需求，而这正是产品经理发挥作用的地方。

7.2.3　中间产品的文档

中间产品是供中间用户使用的，为了方便中间用户，其需要为用户提供文档。中间产品的文档大体可以分为两类：技术文档与产品文档。

技术文档以 API（应用程序接口）文档为典型代表。这类文档通常由 AI 技术公司的技术人员撰写，供中间用户的技术人员阅读。这类文档包含了使用 API 所需的所有信息，详细介绍了函数、类、返回类型及参数等。为了便于用户理解，一般都配有示例教程。

产品文档就是从产品角度表述的文档，其目的是引导中间用户的产品经理理解这个中间产品。AI 技术公司的产品经理应该重视产品文档，这种文档可以起到推广公司产品、获得客户的作用。产品文档应该从场景出发，列出多个使用该中间产品的最终用户产品的例子，让潜在用户的产品经理充分理解产品特征，知道应如何将其与自己的产品相结合。如果能用 PPT 等演示文档格式来展示产品文档，而不是用常规的 PDF 格式，效果可能会更好。

7.3　AI 技术公司的最终用户产品

近几年，出现一种趋势，越来越多的 AI 技术公司开始面向最终用户推出产品，既有面向企业的最终用户产品，又有面向消费者个人的最终用户产品。

7.3.1　中间产品的风险

最终用户产品出现的原因有很多，但主要原因来自中间产品。中间产品对 AI 技术公司很重要，大多数 AI 技术公司都是靠中间产品起步的。但中间产品普遍存在一个非常大的风险——被替代的风险。正是为了避免这个风险，越来越多的 AI 技术公司推出了最终用户产品。

在我国有一个影响很大的 AI 落地应用——支付宝。支付宝广泛使用了人脸识别技术，不仅在手机 App 中使用，还在实体店铺中布设刷脸支付设备，如下图所示。

支持支付宝刷脸支付的自助点餐设备，车马拍摄

支付宝的人脸识别技术从起步就和 AI 技术公司旷视科技（Face++）合作。旷视科技为支付宝提供人脸检测、人脸识别、人脸比对的核心算法，后来发展成为支付宝的人脸识别技术方案提供商。

另外，旷视科技还获得蚂蚁金服这样的大客户，这对旷视科技的发展非常有利，但中间产品存在容易被替代的问题。随着人脸识别技术的使用逐渐增加，尤其是 iPhone X 的 FaceID 大力推动了人脸识别技术的应用，支付宝及其所属公司蚂蚁金服，无论是基于成本还是基于战略考虑，都需要拥有自己的人脸识别技术。2017 年 11 月，蚂蚁金服孵化的首家安全技术公司蚂蚁佐罗成立。很快，支付宝及蚂蚁金服平台下的人脸识别技术改用了蚂蚁佐罗的产品，而旷视科技的产品也因此被替代。

我们再看一个语音技术领域的例子。Nuance 公司曾是全球语音技术领域的领先者，它是苹果、Google、亚马逊、三星等公司的语音技术供应商，其在巅峰时刻占据了全球语音市场约 70%的份额。但是，它同样很难解决中间产品容易被替代的问题。随着语音技术从原来的边缘技术逐渐演变成核心技术，那些巨头客户也纷纷开始研发自己的语音技术。在这些巨头面前，语音技术的壁垒并没有想象的那么高。Nuance 公司接连失去几个大客户，很快就走向衰落了。之后，该公司由语音技术供应商被迫向行业解决方案商转型，其股价和市值也大幅下跌。

7.3.2 最终用户产品的价值

既然中间产品存在容易被替代的风险，直接面对最终用户推出产品就成了顺理成章的对策。例如，同样是语音技术巨头的科大讯飞，近几年已经在直接面对最终用户的产品上发力，并于在 2016 年年底成立消费者业务部门，面向最终用户推出了讯飞翻译机等产品。

旷视科技也针对 B 端用户推出了物流机器人等最终用户产品。以旷视 MegMaster T800 机器人为例，这是一个软硬一体的产品。其结合了 AI 技术和机器人技术，通过贴在地面上的二维码来导航，可实现搬运、分拣、托举、存储等功能，适用于物流、制造等场景。MegMaster T800 机器人如下图所示。

MegMaster T800（最大承载力 800kg）机器人，来自旷视科技官网

AI 技术公司纷纷推出最终用户产品，主要看中了它以下两个优点。

（1）最终用户产品更加综合，避免了中间产品单一的技术指标和价格比拼。

最终用户产品多数是软硬一体的产品，是由专门的硬件和 AI 技术集成的一个整体。其不仅包含 AI 技术，还包含工业设计、定价、形象包装等众多因素。AI 技术公司的操作空间比较大，抓住最终用户产品的一两个点做出特色就能在市场上立足。相比之下，AI 中间产品的要素非常单纯，主要依靠关键技术的指标和价格比拼，这就使 AI 技术公司面对的竞争非常直接。

（2）最终用户产品可以直接与最终用户建立紧密联系，具有更持久的价值。

AI 技术公司可以依靠一款最终用户产品先和最终用户建立直接联系，然后不断推出新的最终用户产品，持续挖掘用户价值。小米及其关联公司已经证明了这个模式是可行的，很多 AI 技术公司也希望复制这种模式，所以纷纷推出了自己的最终用户产品。

但是，与中间产品相比，最终用户产品也存在很多问题。AI 技术公司只有解决好这些问题，才能真正发挥最终用户产品的优势。

7.3.3 最终用户产品案例

2B 最终用户产品和 2C 最终用户产品之间又有比较明显的区别。下面我们就先来研究两个 2B 最终用户产品案例。

1. 2B 最终用户产品案例 1——为目标场景深度定制

语音转化成文字的功能已经很普及了，很多输入法就能实现而且是免费的。虽然通用场景可能没有产品机会了，但如果我们聚焦到细分场景，就有可能找到产品机会。因为细分场景有自己的独特需求，通用产品通常无法满足这种需求，这正为专用产品提供了机会。

典型的例子就是云知声公司针对医疗场景的语音录入产品。该公司提供的数据表明，云知声的语音录入产品的识别准确率超过 97%。为什么云知声的产品可以做到如此高的识别准确率？因为该产品深刻理解了医疗场景的特点，并针对这些特点采用了针对性的解决方案，所以取得了良好的产品效果。其主要针对以下两个重点采取了解决方案。

（1）针对大量的医疗术语。

医疗场景中含有大量的医疗术语，而且不同科室还有各自的术语。云知声采用的是分科室进行语言模型训练的方法，这样就提高了各科室专有名词的识别效果。尤其是医疗特殊符号、特殊单位，识别效果较为突出。

（2）针对非常嘈杂的环境。

医院普遍非常嘈杂。云知声采用了“专用硬件+配套软件”的方式来解决问题。硬件是医疗语音录入专业麦克风，如下图所示。

医疗语音录入专业麦克风

这是飞利浦公司为医疗语音录入系统制造的专业麦克风，在欧美市场的占有率很高。这种专业麦克风具有定向音频增强功能，适合应对嘈杂环境。再加上语音增强、信道及说话人规整技术，可以有效抑制噪音的干扰，显著提高嘈杂环境下语音识别的准确率。

正因为云知声公司对医疗场景特点的透彻理解，才使得产品能够很好地满足用户需求,进而使这个需要付费的产品得到了协和医院等知名医院和机构的认可。

AI 产品经理如果要规划最终用户产品，应该向这个产品学习，充分理解目标场景的特殊性，然后规划出具有针对性的产品。

2．2B 最终用户产品案例 2——小场景切入

有些 AI 技术公司没有推出中间产品，而是起步就推出最终用户产品，蓝河科技公司就是如此。这是一家美国的 AI 技术公司，它是农业 AI 领域的标杆，致力于为农场主这个 B 端用户打造 AI 产品。

蓝河科技公司的最终用户产品特别值得学习的地方是小场景切入。该公司虽然有很强的 AI 技术实力，选择的也是农业这个大场景，但它没有推出“农场 AI 整体解决方案”这样的大产品，而是从小场景切入，推出了一个个针对小场景的产品，并取得了显著的成效。

该公司于 2011 年成立，当年就推出了第一款产品 Lettuce Bot（生菜机器人）。Lettuce Bot 能够利用 AI 技术准确高效地判断每株生菜的状态，并精确地进行田间整理。该公司的数据显示，一台 Lettuce Bot 一天可以整理 40 亩（1 亩≈666.67 平方米）生菜地。

从产品名称就可以看出，它只针对生菜这一种农作物。但正因为针对的农作物只有一种，AI 模型容易训练，产品也能很快地打造完成。因此，该公司的第一款产品就取得了成功。

该公司后续又推出了多种产品，每种产品都只针对一个小场景。公司的产品战略是，每种产品针对一个小场景，依靠众多的产品来实现更广的用户覆盖，而不是单纯依靠一个覆盖众多场景的产品。

该公司的另一个典型产品是 See & Spray，其也是针对小场景的产品。该产品是一个整体设备，由拖拉机拖挂在田间行走。其工作原理如下图所示。

See & Spray 的工作原理

如上图所示，摄像头拍摄到植株后，由 AI 系统识别出它是农作物还是杂草，然后控制喷头对准杂草喷洒除草剂。而传统的农业喷洒方式非常粗放，不仅将除草剂喷洒到杂草上，也喷到了农作物和土地上。利用 AI 技术既能保证除草效果，又能大幅减少除草剂的使用量，在降低成本的同时还有利于保护环境。该公司提供的数据表明，在保证同样效果的前提下，除草剂的用量只是传统方式的十分之一。利用 AI 技术后的实际喷洒效果如下图所示。

利用 AI 技术后的实际喷洒效果，只有杂草被喷洒了除草剂（土地上的深色部分）

该产品很好地解决了一个问题——精准喷药，上市之后很快获得了客户认可。2017 年，该公司被全球知名农机公司 John Deere 以 3.05 亿美元收购。下图是 John Deere 公司的一款农机设备。

John Deere 公司的一款农机设备

之后，蓝河科技公司继续针对小场景开发产品，逐步开发适合大豆、大麦、玉米等农作物的产品。John Deere 公司的发言人表示，收购蓝河科技公司的重要原因之一，就是该公司的产品可以扩展到多种农作物。

3. 2C 最终用户产品案例

AI 技术公司的最终用户产品，既有 2B 最终用户产品又有 2C 最终用户产品。上文我们研究了两个 2B 最终用户产品，现在我们再来谈谈 2C 最终用户产品。

2C 最终用户产品可以和众多的用户建立联系，但这类产品在商业运作上通常是较困难的。2C 最终用户产品虽然进入门槛低，但成功门槛非常高。当前，市场的整体状况是产品过剩、品牌过剩。要想争夺用户，只有好产品是远远不够的，还要花大力气建渠道、做市场推广，另外价格战往往也难以避免。

2C 最终用户产品要想成功，除了要有 AI 技术，还需要众多其他因素。但在通常情况下，AI 技术公司除了 AI 技术，对其他因素往往并不擅长。以华为公司为例，我们看到了该公司在手机（典型的 2C 最终用户产品）上的成功，认为该公司成功的主要原因是技术强。其实，手机产品的竞争是综合竞争，华为公司取得成功绝不只是依靠技术。实际上，华为公司除技术之外，在工业设计、产品、定价、销售渠道、市场宣传方面都做得非常好，这样才取得了成功。想学习华为公司的 AI 技术公司，要先考虑自己能否做好除 AI 技术之外的其他方面。一个 AI 技术公司一旦决定做 2C 最终用户产品，基本就要脱胎换骨，发展其除 AI 技术之外的众多因素，只有这样才有可能取得成功。

有用户优势的互联网大公司也开始重视 2C 最终用户产品。以智能音箱为例，我们看到阿里巴巴、腾讯、百度都有自己的智能音箱，并依靠超低价格、强大的推广能力占据了大部分市场。如果一家 AI 技术公司也想做智能音箱，就避不开和这几个巨头的竞争。2C 最终用户产品的竞争所涉及的因素如此之多，主要依靠 AI 技术是很难取得竞争优势的。另外，在巨头面前，AI 技术的壁垒能维持多久呢?

AI 技术公司要想做 2C 最终用户产品，虽然可以通过开拓新品类避开巨头，但即便做到了，情况也不乐观，原因有以下几点。

（1）如果开拓了一个新品类，当市场规模较小时，大公司按兵不动，小公司要辛苦开拓市场。

（2）如果市场规模进一步扩大，大公司可能并不放在眼里，但同行业的 AI 技术公司可能会推出类似产品来争夺市场。一个不大的市场就可能面临激烈的竞争。

（3）一旦市场规模到了一定程度，大公司就很有可能强力切入，依靠简单的价格战快速抢占市场。

科大讯飞的翻译机就处在第二阶段。只是因为科大讯飞在语音技术方面确实处于领先地位，所以还没有面临太大竞争，还可以卖出高价，获取较高的利润。同时，翻译机这种产品的市场没有大到让大公司心动的地步。如果我是科大讯飞的CEO，我一定会非常矛盾——既希望市场扩大，又担心市场太大。

在这个方向上，AI技术公司有以下几条出路。

（1）开创2C最终用户产品新品类，并且因为做得非常好，始终占据优势地位。例如，苹果用iPhone开创了触屏智能手机品类，至今仍在市场占据重要地位。

（2）开创2C最终用户产品新品类，该品牌有一定规模但没有大到吸引巨头，足以让AI技术公司生存发展。

（3）开创2C最终用户产品新品类，当规模扩大到一定程度被巨头看上时，被巨头以合适的价格并购。可以是整个公司被并购，也可以是该业务板块被并购。

所以，我认为2C最终用户产品是AI技术公司较难的业务。AI技术公司要对2C最终用户产品非常谨慎。如果一定要做，那就要做好充分的准备，包括人才、资金及足够的耐心。

第 8 章

传统企业的 AI 产品

8.1　传统企业应用 AI 的整体情况（以金融业为例）

8.1.1　金融业应用 AI 的整体情况

金融业是应用新技术较为领先的行业，从最早的“IT+ 金融”“互联网 + 金融”进入了“AI + 金融”阶段。目前，财富 500 强企业中的金融机构近 90%已开始应用 AI 技术，这些机构对 AI 技术的应用自 2014 年开始稳步增长。以我国重要的金融机构——银行为例，其对 AI 技术日益重视。截至 2019 年 5 月，我国国内已有兴业银行、平安银行、招商银行、光大银行、建设银行、民生银行、工商银行共 7 家银行成立了金融科技子公司。其中，AI 技术最初多应用于欺诈识别、投资信息分析等少数领域，随后应用范围逐渐扩大，基本渗透到金融业的各个领域。银行、保险机构对 AI 技术的应用概况具体如下表所示。

应用领域	应用场景	涉及人工智能技术领域	相关 500 强公司
银行	智能信贷	机器学习 基础理论 自然语言处理 大数据技术	Munich Re、中国招商银行、中国民生银行、高盛、BNP Paribas 等
	智能反洗钱	机器学习 基础理论	汇丰银行、中国银行、美国银行、蚂蚁金服
保险机构	自动化理赔	机器人技术 计算机视觉 自然语言处理 机器学习	安邦保险、Liberty Mutual Insurance Group、Meiji Yasuda Life Insurance、中国平安、Sompo Japan Nipponkoa
	保险定制化	机器学习 基础理论 自然语言处理	安邦保险、日本第一生命保险、Liberty Mutual Insurance Group、Meiji Yasuda Life Insurance、中国平安等
	保险反欺诈	计算机视觉 基础理论 机器学习 自然语言处理	中国平安、Allianz、安邦保险、AXA

银行、保险机构对 AI 的应用概况，来自机器之心报告《被 AI 占领的金融业》

从上表可以看出，AI 技术已经渗透到金融业的核心领域，并且发挥着重要作用。继互联网行业之后，金融成为又一个大规模、深入应用 AI 技术的行业。现代金融业的 AI 成分越来越重，AI 应用能力逐渐成为金融业的核心能力之一。

除了各金融业务类型专属的 AI 应用，还有一类属于通用 AI 应用，也就是在各金融业务类型中基本相同的场景下的应用，如智能客服、流程自动化平台等。这些应用可以在不降低客户满意度的情况下，显著降低人力成本。

8.1.2 中国平安对 AI 的规模化应用

在金融行业中，已经有一些机构在 AI 应用方面取得了显著成效，如中国平安保险（集团）股份有限公司（以下简称“中国平安”）。下图是中国平安近年在 AI 领域的进展摘要。

2019

"全球AI艺术大赛"一等奖
和香港政府合作，成其eID项目服务商
ISBI上获肺癌病理分割、内窥镜影像质控和病理性近视检测三个竞赛世界冠军
WMT2019国际机器翻译大赛获"英译中"赛道冠军

2018

刷新LUNA排行榜世界纪录
AI世界作曲大赛冠军
IDRiD眼底图分析竞赛世界领先
AI+环保国家大赛夺冠
COCO-Text任务文本定位比赛第一
IDC Fintech Top 100 #39
BAI全球创新奖
吴文俊人工智能科学技术进步奖一企业技术创新工程项目奖
承载过5亿互联网用户
中国专利优秀奖
2018年中国最具影响力软件和信息服务企业

2017

助力深圳机场人脸识别安防
人脸识别获公安部认证
LFW人脸识别测评国际领先
IDC金融科技先锋者榜单 #4
IDC Fintech Top 100 #38
人脸识别助力南非发现公司
平安云获IDC卓越基础设施奖
首创人工智能+大数据流感预测模型

中国平安近年在 AI 领域的进展摘要，来自平安科技官网

这些 AI 应用能力不仅服务于中国平安的成员企业，还通过平安科技公司（平安集团旗下的全资子公司）向外部金融机构甚至非金融机构输出，发展出新的业务。中国平安从互联网技术开始，探索的一整套充分利用技术扩展业务的组织能力再次在 AI 应用上体现了出来。中国平安已经进化为一家技术成分很重的公司，公司 Logo 中的文字也从“保险 银行 投资”升级为“金融 科技”。这不仅值得金融机构学习，还值得所有的传统企业学习。

因为 AI 技术对中国平安具有战略价值，所以中国平安不仅是 AI 技术的应用者，还是 AI 技术的创造者。2019 年，平安科技公司凭借自身的 AI 技术实力，在由斯坦福大学发起的机器阅读理解和深度学习推理两项赛事中夺冠。

对 AI 应用感兴趣的传统企业，应该认真研究中国平安的 AI 应用经验，以从中吸取经验。

8.2 传统企业做 AI 产品的原因及 AI 产品的分类

8.2.1 传统企业做 AI 产品的原因

虽然互联网公司是大规模应用 AI 技术的先驱，但传统企业的 AI 应用也正在兴起。如果留意 AI 产品经理的招聘信息，我们会发现来自传统企业的职位正在逐渐增加。希望获得 AI 产品经理职位的读者，不妨多关注一下传统企业所提供的机会。

下面，我们来简单分析一下传统企业做 AI 产品的原因。

AI 技术的价值逐渐得到了广泛的肯定，其中包括传统企业。传统企业对自己的业务场景非常了解，也逐渐认识到 AI 技术可以满足自己的场景需求。因为 AI 技术并非传统企业的强项，所以传统企业会先寻求外部采购，希望 AI 技术公司能提供可立刻使用的 AI 产品。即使没有成熟的 AI 产品，传统企业也希望外包给 AI 技术公司来开发。因此，在很长一段时间内，很多 AI 技术公司的主要收入就来自传统企业的外包业务。

外购 AI 产品、外包 AI 项目满足了传统企业的部分需求，但不能满足其全部需求。一些领先的传统企业对 AI 的理解可能比 AI 技术公司更深，更何况传统企业对自己的业务场景有天然优势。当外购、外包不能满足其需求时，一些实力强的传统企业就开始自己打造 AI 产品。于是，我们看到一些实力强大的传统企业开始招聘 AI 产品经理和 AI 工程师，以使自身既有 AI 产品规划能力，又有 AI 产品实施能力。

其实，“传统企业”只是一种习惯说法，具体是指 AI 技术公司、互联网公司以外的企业。传统企业也在演变，并逐渐向 AI 技术公司、互联网公司的领域渗透。以金融业为例，近年来一些大型的金融集团（以中国平安为代表）纷纷成立专门的科技公司，这些科技公司最初只为本集团服务，后来逐渐开始从集团外获得客户。

8.2.2　传统企业 AI 产品的分类

传统企业打造的 AI 产品大体可以分为以下两类。

1．利用 AI 技术，改造、提升原有的 IT 产品、互联网产品

华住酒店集团（旗下有汉庭、全季等酒店）就曾招聘高级产品经理（AI 方向）。华住酒店集团的主业是酒店，旗下运营着众多的门店。呼叫中心、门店前台对于酒店运营非常重要，因此公司希望借助 AI 技术把呼叫中心、门店前台系统做得更好。

例如，客人通过呼叫中心订房时，酒店需要核实客人的身份。传统方式需要客人报身份证、会员卡等信息。而如果采用声纹识别技术（一种 AI 技术），就可以对客人进行无感身份核实，更快完成预定。如果门店前台能利用好 AI 技术，就可以为客人提供自助服务，使其更快完成入住和离店手续，避免高峰时段排长队。要在这些场景中用好 AI 技术，就需要专职的 AI 产品经理来进行规划。

另外，还有不少知名教育机构开始招聘 AI 产品经理。新东方、VIPKID 等教育机构为了支持业务运营，开发运营了很多用户端及后端产品。这些产品原来是传统的 IT 产品、互联网产品，但教育机构逐渐看到了 AI 技术的价值，招聘了 AI 产品经理来提升这些用户端及后端产品，使其更好地支持教育业务。

2．利用 AI 技术打造新产品，但一般仍然服务于原有的业务体系

例如，泰康保险集团旗下的泰康健康产业投资控股有限公司（简称泰康健投），就曾招聘 AI 硬件产品经理，希望打造出 AI 护理机器人这样的产品。泰康健投的主营业务是医养业务，其主要服务对象是老年人。该公司打造的 AI 产品仍旧是为老年人服务的，主要应用在公司运营的养老院中。

比亚迪是一家知名的汽车公司，该公司曾专门招聘 AI 语音生态产品经理，负责 DiLink AI 语音助手的产品规划。比亚迪的主业是汽车产业，DiLink AI 语音助手也是服务于汽车产业的。

8.3 在传统企业做 AI 产品

8.3.1 传统企业对 AI 产品经理的要求

相比互联网公司和 AI 技术公司，在传统企业做 AI 产品有其特殊性。

典型的互联网产品经理进入传统企业担任 AI 产品经理，需要满足哪些要求呢？具体可以用下面的等式来概括：

> **传统企业的AI产品经理 = 互联网产品经理 + AI技术 + 垂直行业**

传统企业的 AI 产品经理既要懂 AI 技术又要懂垂直行业，只有这样才能将 AI 技术和垂直行业的具体场景适配起来，打造出能服务好主业的 AI 产品。因此，在传统企业做 AI 产品，难度是很高的。但因为传统企业体量大、数量多，有可能提供大量的 AI 产品经理职位，所以值得读者特别关注。

8.3.2 在传统企业做 AI 产品的关键

1．深入理解行业场景，实现 AI 技术与行业场景的适配

理解行业场景是 AI 产品经理在传统企业做 AI 产品的第一步，AI 产品经理只有做到了这一点才能实现 AI 技术与行业场景的适配。

以平安小贷公司的客服机器人为例。平安小贷的客户需要先在网上提交申请，之后由客服外拨电话进行核实。原来这需要大量的人工客服人员，后来采用了客服机器人。我听了实际录音，应用效果非常好。

客服机器人问：“请问，您今年多少岁？”

客户：“……”

客服机器人：“对不起，我没听清，您能再说一遍吗？”

客户略有点不耐烦："30 岁！"

客服机器人："喔！好的，30 岁。这次听清了！"

这既满足了业务需要，又节约了运营成本。同时，这也和贷款核实的场景特征有关——用户高度配合，对话内容非常明确，整个过程也很简短。客服机器人和这样的场景高度适配。

2．选择单点切入，从简单的 AI 产品起步

AI 产品经理在传统企业做 AI 产品，一定要暂时忘记雄心勃勃的"行业解决方案"，先从单点切入，从简单的 AI 产品起步。

中国平安对 AI 的全面应用是经过一段时间积累的结果，其最初也是从单点切入的。例如，中国平安对 AI 技术的实际应用开始于 2016 年的"6 分钟刷脸放贷"。它只是在放贷业务的用户身份认证这个环节应用了一项成熟的 AI 技术。这样的单点价值明确、涉及面小、技术实施难度低。从这样的单点切入，AI 产品更容易规划，也更容易实施。单点切入可以让 AI 技术更快发挥作用，让整个组织、整个业务在实际应用中逐渐理解、接纳 AI 技术和 AI 产品，然后以此为基础逐渐扩展到全场景，使 AI 技术发挥越来越大的作用。

3．选择重点场景，做出复杂产品

传统企业的运营可以细分为很多环节、众多场景，场景不同，其重要性也是不同的。实现了简单场景的切入之后，可以在适当的时机选择重点场景，做出复杂产品，如中国平安的 AI 车险定损理赔。

车险是重要的财产保险业务，占据了财产险公司的收入"大头"。其中，车险定损因为直接涉及保险公司的大笔支出，是整个车险业务中的重要场景。传统的车险定损流程包括报案联系、现场勘查、理赔资料整理、定损、审核等冗长的环节，客户体验差、运营成本高、欺诈风险高，一直是保险公司的痛点。

中国平安旗下的平安科技自主研发了平安脑智能引擎，利用 AI 技术来挖掘车险图像数据信息，实现线上自动定损。其通过智能引擎分析事故现场照片，提供车险查勘与定损、零件配型、车型识别、同车检测等综合服务，直接跳过了多个传统定损环节，提高了定损理赔效率。也就是说，借助 AI 技术，大多数车险定损不需要定损人员到场，远程通过 AI 就能完成。AI 车险定损的示意图如下所示。

AI 车险定损的示意，来自深智科技

这样的 AI 产品是非常复杂的，规划难、实施更难，但应用场景重要，所以是有价值的。中国平安利用 AI 车险定损理赔，不仅提高了客户的满意度，降低了定损的人工成本，还降低了车险定损理赔领域的欺诈风险，可谓一举三得。

第 9 章

AI 产品规划的流程和方法

研究其他产品的根本目的是规划自己的产品。本章我们就来介绍，如何规划自己的 AI 产品。

9.1 AI 产品规划入门

9.1.1 基本方法——“抄”出好产品

对于合格的 AI 产品经理而言，其在进行 AI 产品规划时，其实做不到也不需要原创。说得直白一点，合格的 AI 产品经理做产品规划的基本方法就是“抄”。当然，“抄”也是有层次的。我们要做的是，选对“抄”的对象，从产品经理的专业角度理解被“抄”的产品，然后将学到的知识、技能用在自己的 AI 产品规划中。

前面 3 章介绍了 3 种类型公司的 AI 产品，并从多个角度对这些产品进行了解读，实际上是在帮助读者选择“抄”的对象。当我们真正理解了这些产品的背景、定位、功能、流程，理解了其中的门道，我们就可以做出自己的 AI 产品规划。

9.1.2 AI 产品详细规划前的自检

在对一个 AI 产品进行详细规划之前，我们要先进行自检。如果自检通过了，就说明我们想清楚了基本问题，大方向没有错，下一步就可以进行详细的产品规划了。反之，我们要先停下来解决基本问题，先把大方向找对。

对产品的自检，其实就是回答一些基本而重要的问题，主要包括以下内容。

1．产品的目标用户

（1）产品的目标用户是谁？产品满足了目标用户的什么需求？

（2）目标用户如果不用我们的产品，有什么替代的解决方案？

2．AI 产品的价值

（1）产品的核心功能点是什么？尽量用一句话描述。

（2）产品中用到了什么 AI 技术？其在产品中发挥了什么作用？给客户带来了什么价值？最后一个问题，要完全从客户的角度来回答。

3．AI 产品的实现

（1）产品本身相关的问题。产品的形式是什么？是否涉及专门的硬件？AI 能力在云端、终端如何分布？

（2）具体 AI 技术相关的问题。产品需要什么样的 AI 技术？如何获得相应的技术？是外购 AI 中间产品、外包开发，还是自主开发？相应的成本是多少？

（3)AI 产品数据相关的问题。有没有 AI 产品的相关数据？质量、数量如何？如何获取？获取的成本是多少？如何标注？

4. 其他问题

其他问题的答案可以逐一解答。例如，产品以什么方式获取收入？预测的收入是多少？

以上列举的自检问题只是一个参考，AI 产品经理要结合实际的场景和产品特点，拟定相应的自检问题。

自检相当于在远征之前确定目标、看准方向、确认路径，可以让我们更坚定地踏上远征之路。其价值不言而喻，产品经理要认真做好相关工作。

9.1.3　软件规划的层次和流程

纯“软”的 AI 产品不涉及专门的硬件，其规划流程、方法、使用的工具和标准的互联网产品基本一样。这对有互联网产品经验的人而言，是个好消息。互联网公司产品规划的分层和流程如下图所示。

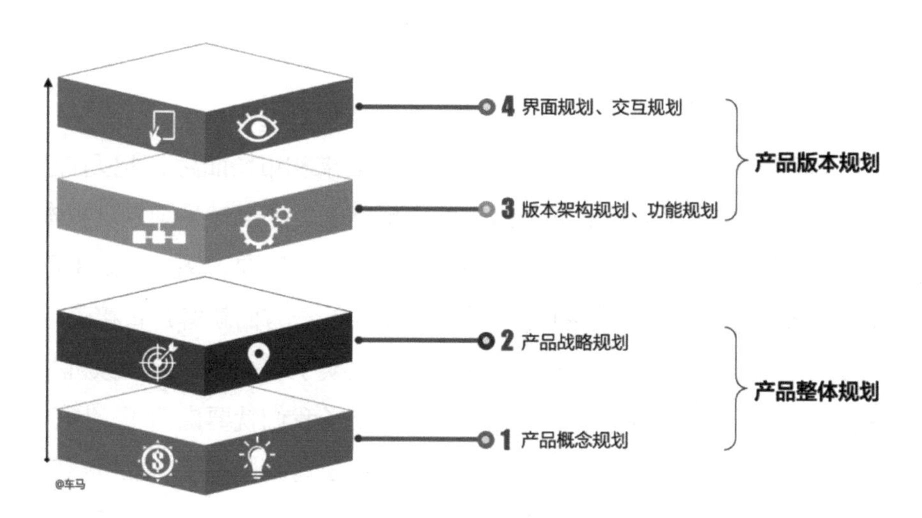

互联网公司产品规划的分层和流程

如图所示，互联网公司的产品规划可以分为两个大层次：产品整体规划和产品版本规划，两个层次内部还可以再进行细分。现有产品的规划是在产品整体规划的指导下进行每个版本的规划的。每次版本迭代尤其是较大版本的迭代，都要先回到源头梳理产品整体规划，然后再进行新版本的规划。所谓产品迭代，不仅是指一个个版本的迭代，还隐含了产品整体规划的迭代。

互联网公司的 AI 产品基本仍然按互联网产品的流程来规划，通常沿用互联网产品使用的原型工具和产品需求文档。只要是合格的互联网产品经理，只要其找准了 AI 应用的微场景，基本上都能做好 AI 产品的规划。

由于本书读者多数对互联网产品规划流程比较熟悉，这里就不再对产品规划的流程过多展开了。没有互联网产品规划经验的读者，可以参考我关于互联网产品经理的书《首席产品官 1——从新手到行家》《首席产品官 2——从白领到金领》。

9.1.4 硬件规划流程

大多数互联网产品经理缺乏硬件经验。关于硬件，广大互联网产品经理首先要确立两个观点：硬件的规划很难；硬件的规划与软件的规划大不相同。

硬件的规划流程可以分为以下几步。

（1）进行需求和市场分析。所有产品都是因需求和市场而生，所以在起步阶段一定要进行需求和市场分析。如果这一步出现问题，那么产品规划从根本上就错了。另外，仅有需求分析是不够的，市场分析可能更重要。例如，如果仅仅考虑需求，我们会发现人们对人脸抓拍机的需求很大，一方面新客户直接使用人脸抓拍机，另一方面一些老客户逐渐用人脸抓拍机更换了传统的监控摄像机。虽然公司有能力研发制造出人脸抓拍机，但如果考虑市场我们就要谨慎了。因为已经有好几家安防巨头推出了自己的人脸抓拍机，这些公司有供应链、品牌、客户及渠道优势，而自己的公司却没有这种优势。显然，推出人脸抓拍机不是一个正确的决策。

（2）整体方案设计。有了基本方向，下一步就要进行整体方案设计，包括系统整体设计、关键元器件选型等多方面的内容。整体方案设计非常关键，因此需要经过多部门综合评审，设计、采购、工艺制造等部门都要从各自的角度出发参与评审。产品经理要带着评审中发现的问题，对整体方案进行修改，直到最终评审通过。

（3）硬件设计、工业设计。这一步是将整体方案细化为具体的设计，要画很多图纸。目前，工业设计越来越重要，其已经从硬件设计中独立出来成为一个专业工种。大公司往往有自己的工业设计部门，中小型公司如果想做好工业设计通常就需要通过外包解决。同样，硬件设计、工业设计也需要经过多部门评审。这些评审看似占用了时间、耽误了进度，但实践证明这是不可缺少的。

（4）制作样板。用真实的设备、物料、工艺流程来实施设计方案，制造出少量的产品。

（5）测试、改进。对制作出来的样板进行测试，并针对问题进行改进。这些改进可能涉及工艺等多方面。

（6）定型、批量生产。

以上流程是比较简单概括的流程，在此基础上还可以继续细分，在此不再详细介绍。

9.1.5　产品软硬规划工作的组织形式

要规划涉及硬件的 AI 产品，产品规划工作的基本组织形式有两种：软硬兼管的全能 AI 产品经理制度、软硬分工的联席 AI 产品经理制度。

软硬兼管的全能 AI 产品经理制度就是由一个全能型产品经理同时完成产品的软硬两方面的规划工作。但符合这样条件的产品经理极少，术业有专攻，能精通软件、硬件一个领域的人才已经很难得了，两者都非常精通还能将其融合的人就更少了。我在实战中见过两者都懂的人，但没有见过两者都精通的人。规划硬件时往往要考虑很多规划软件时不需要考虑的因素，如可制造性、物料和制造成本、可靠性、可维护性，还要考虑法律法规要求。如果没有足够的理论知识和实战经验，一旦一个环节出错就可能导致严重的问题。能勉强做到的人，必然有所侧重。要么可能更擅长软件方面，硬件比较勉强；要么擅长硬件方面，但软件方面比较弱。这样勉强做出来的产品的竞争力通常不会太强，在激烈的同类产品竞争中往往很难“生存”下来。

联席AI产品经理制度就是由两个产品经理来担任一个AI产品的联席产品经理，两人在全程紧密协作的基础上，各自分担产品软件、硬件两方面的规划工作。这种制度充分考虑了现实中的人才结构和人员稀缺程度，更加实用。

一个产品的软硬因素是整合的而不是分离的。在起步阶段，大多数软硬一体的AI产品有很多方面的软硬分工界限并不清晰，需要两个产品经理一起来考虑。通常是两个产品经理先讨论一个初步方案，然后两边分别进行到一定程度再沟通，最后协作进行调整。

例如，一个公司要规划老年人专用的智能音箱，这是一个典型的软硬整合的AI产品。为了做好这个产品的规划，公司采用了联席AI产品经理制度。刚开始两位产品经理考虑采用“云AI+端AI”的方式，让用户端设备也具有较强的AI能力，这样可以提供更好的用户体验。以此为基础，偏重硬件规划的产品经理经过规划和测算，发现这样的用户端设备成本超过800元。两位产品经理判断这样高成本的产品在当前的市场环境下会缺乏竞争力，于是对产品方案做出了调整，取消了用户端的AI能力，从而大幅度降低了用户端的成本。偏重硬件规划的产品经理以此为基础，最终拿出了低成本的硬件规划。

我在为一些企业提供AI产品咨询时，就遇到过AI产品软硬规划的难题。最初企业和我的思路都是想办法快速培养出全能人才，后来发现这个思路很不现实。最终我设计了联席AI产品经理制度，聘请一位有丰富硬件经验的产品经理和一位有丰富互联网产品经验的产品经理共同担任AI产品的联席产品经理，很快解决了软硬整合AI产品的规划难题。这种制度的实用性也得到了实战的验证。

9.2　互联网产品经理上手 AI 产品规划

本节内容针对互联网产品经理，意在指导互联网产品经理如何向 AI 产品经理升级。

9.2.1　从极简 AI 产品入手

所谓的极简 AI 产品，就是只涉及一项 AI 技术或只触及一个功能模块（通常不是核心模块）的 AI 产品。

为什么要从极简 AI 产品入手？对广大传统产品经理而言，AI 技术是一种全新的技术，产品经理、技术人员都还不能驾驭它。所以，在产品中引入 AI 技术是有很大风险的，实战中就有很多失败的案例。从极简 AI 产品入手正是为了降低风险，这与互联网创业公司的 MVP 思想、大公司的产品灰度发布思想的本质是相通的。

极简 AI 产品是较容易成功的 AI 产品——容易规划、容易说服公司高管、容易进行技术实施、容易被用户接受，即使失败了也没有太大损失。传统产品经理最好由此入手。

9.2.2　极简 AI 产品的例子

现在，我们就从一个非核心的功能模块、功能点入手，引入 AI 技术，做出自己的第一个极简 AI 产品规划吧。下面提供一个参考。

1. 合适的切入场景

很多互联网产品都有一个功能——签到功能。

这个功能既有简单无趣的点“签到”即完成的方式，又有复杂有趣的“翻牌”“转盘”“摇一摇”等方式。下图就是一个略带游戏成分的签到界面。

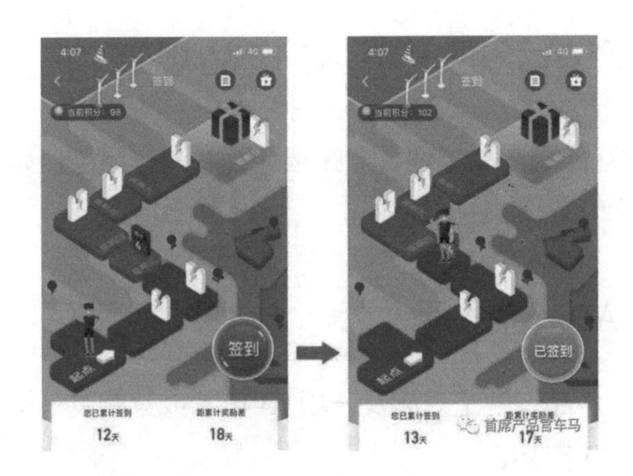

略带游戏成分的签到界面

签到功能普遍存在的问题是枯燥无趣，很多用户根本不用，用过的用户也会很快失去兴趣。上图所示还算比较有趣的，但也只是数据稍微好看一点。增加奖励刺激固然能提高使用量，但限于成本，也不是长久之计。

而 AI 技术或许可以在这个功能模块中发挥作用。

2．相应的 AI 技术

那么哪项 AI 技术能在上面的场景中发挥作用呢？人脸情绪识别技术。这项 AI 技术可以根据摄像头捕捉的影像，判断用户的表情及情绪。作为产品经理，要用好、用对这项 AI 技术，需要先了解这项技术的原理，具体如下图所示。

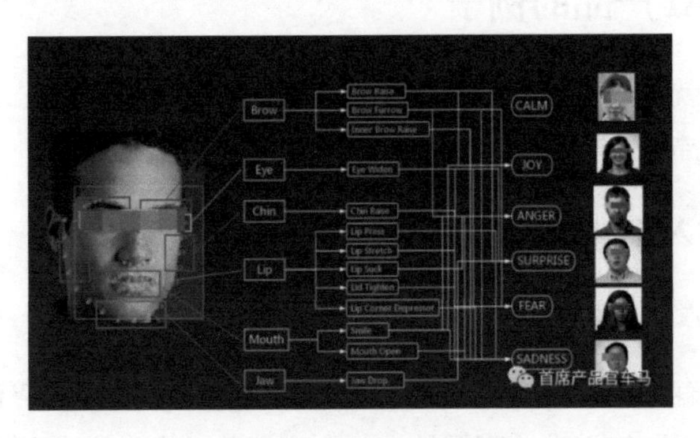

人脸情绪识别技术原理图

如图所示，人的情绪不同时，其面部表情会有相应的特点，具体体现在眉毛、眼睛、脸颊及嘴唇的形态上。AI 技术可以通过检测眉毛、眼睛、脸颊及嘴唇的形态，判断出用户的情绪。

用户拍照后上传照片，AI 云端就会利用人工智能先识别出图片中的人脸，进而识别出人物的情绪。

3．产品规划要点

下一步是进行产品规划。产品规划具体有以下要点。

（1）产品的整体结构不改动，签到模块的界面、原有方式依旧保留，老用户可以继续按原有的习惯使用。

（2）只在原有的签到模块上增加一个新功能点——情绪签到。用户在原有的签到界面会看到一个新按钮“笑一笑，就签到”，并配有简短的文字说明。

（3）用户点击这个按钮，直接调出自拍界面，界面提示“发自内心的微笑，可以得高分哟”，用户对着镜头微笑自拍后，AI 云端会进行情绪识别，给出相应分值，并有配套界面提示“您今天心情不错，快乐指数 80 分，获得积分 15 分！祝您一天都有好心情”。

（4）之后，会出现相应的按钮让用户生成心情海报，然后分享到朋友圈。

按照我们前面给出的 AI 产品的定义，上面这个规划包不包含 AI 技术呢？包含。AI 技术有没有发挥作用？有，它可以使更多用户更多地签到。那么，这就是一个 AI 产品，一个极简的 AI 产品。

4．AI 产品的交互原型

既然是产品规划，必然涉及需求表达的问题。这里的需求更准确地说是产品实施需求——产品经理对产品实施团队提出的需求，这与用户的需求是不同的。产品经理只有清晰地将需求表达出来才能让后续的设计、技术团队准确理解，进而正确实施。

互联网产品规划需求表达的基本就是“原型+文档”，其实 AI 产品的需求表达也是如此。其中，特别值得注意的是原型。极简 AI 产品规划的原型最好是真机高保真交互原型。这里有 3 个关键词：真机、高保真、交互。

（1）真机演示。虽然产品经理做原型是在电脑上，但是终端原型一定要能在真实的目标机器（手机较为典型）上演示。

（2）要高保真。这里的高保真不是用户界面视觉上的高保真，而是操作环节、交互上的高保真。

（3）交互演示。用户点击界面就可进入其他界面，不同的操作可以进入不同的界面，以最大限度模拟真实体验。

由于现在大多数公司高层、设计师、工程师都对 AI 产品比较陌生，很难根据文字描述想象出产品。产品经理在真机上演示的高保真交互原型能以最直观的方式帮助他们理解产品。

互联网产品经理常用的 3 个交互原型设计工具：Axure RP、Mockplus、墨刀，都能做出可真机演示的高保真交互原型。

9.2.3 不同类型产品的 AI 化

在规模较大的互联网公司，互联网产品的划分已经相当细化，相应的产品经理也更加精专。互联网产品有两种划分方法，具体如下图所示。

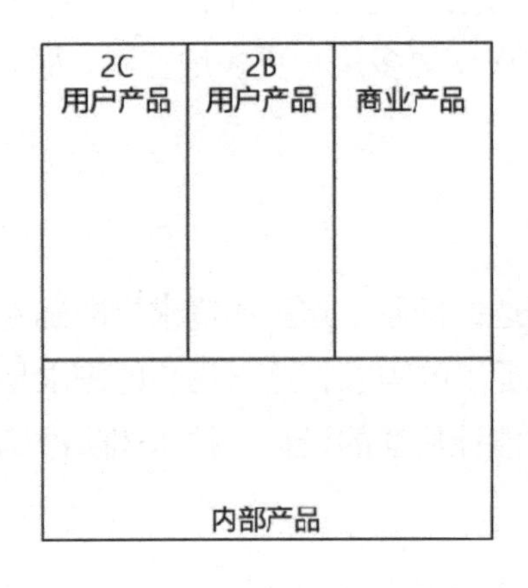

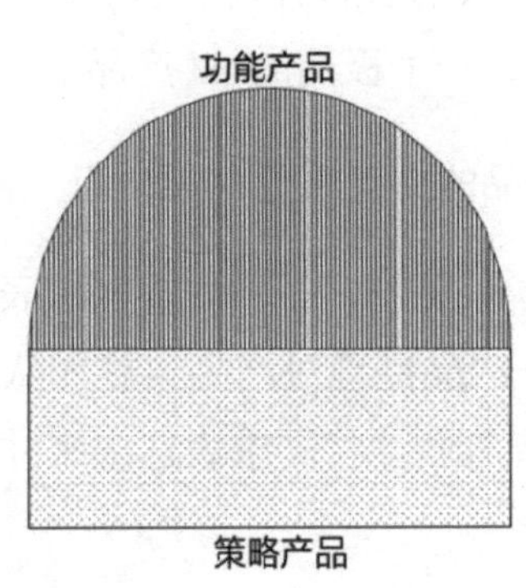

互联网产品的划分方法

上图分为左右两部分。左侧是一种划分方法，将互联网产品按产品服务对象的身份划分为内部产品（服务于企业内部）和外部产品（服务于企业外部的用户、商户）。外部产品又可以划分为用户产品和商业产品，其中用户产品又可以根据用户的性质分为 2C 用户（个人用户）产品和 2B 用户（企业用户）产品。

右侧是另外一种划分方法，将互联网产品按产品经理的工作对象划分为功能产品和策略产品。最初，互联网行业只有功能产品，后来随着一些公司的用户规模越来越大，产品越来越复杂，相应的产品策略也越来越复杂和重要，于是这些公司划分出专门的策略产品，交由专职的策略产品经理来负责。

各种类型的互联网产品都有 AI 化的机会，且各有其特点。互联网产品经理要紧密结合自己负责的产品的特点，来选定产品 AI 化合适的切入点和路径。刚刚介绍的极简 AI 产品是以 2C 用户产品为例的，下面我们简要介绍一下其他类型互联网产品的 AI 化思路，为不同类型的产品经理提供参考。

1．2B 用户产品的 AI 化

与 2C 用户产品相比，2B 用户产品更加强调功能、流程及可衡量的价值。这些正是产品 AI 化合适的切入点。

例如，报销管理类的 2B 用户产品可以利用 AI 技术让产品的整体价值得到明显提升。以前，员工每次报销都需要自己填写大量的票据信息，花费很长时间。如果将产品合理地 AI 化，员工只需将报销票据拍照上传，产品就会利用 AI 技术识别票据并从中提取关键信息，从而大大减少报销时间。员工并不需要理解 AI 技术，就能通过明显的对比快速理解产品的价值。

2．商业产品的 AI 化

商业产品是直接获取收入的产品，它的重要指标体系都是紧密围绕收入的，所以商业产品的 AI 化也要为获取收入服务。

例如，一个广告产品可以利用 AI 技术挖掘出被浪费、被低估的广告资源（包含广告位置、广告机会等）。这些资源要么主动推送给有可能购买的现有广告客户，要么提供给销售人员用于开拓新客户，但无论哪种都能直接为获取收入服务。

3．策略产品的AI化

策略产品的AI化趋势非常明显，很多策略产品已经实现了AI化。

一般来说，只有大公司才有专门分离出来的策略产品。这些策略产品最初是标签、画像、规则的组合，当产品复杂到一定程度时，人工就难以有效地管理它。例如，有些公司的策略产品在AI化之前，包含了超过两万条规则。这时要想让策略产品继续成长，尤其是健康可控地成长，就必须采用AI技术，将其AI化。

策略产品的AI化是非常复杂的，需要产品经理既懂策略产品又懂AI技术，还要和技术人员（包括策略算法人员、AI技术人员）共同探索。

9.2.4 获得公司高管的认可，推动技术团队实施

当你精心做出了第一个极简AI产品规划，并且用真机高保真交互原型和文档进行了清晰的表达后，还必须获得公司高管的认可，推动技术团队实施。

公司高管与技术团队是互相影响的。公司高管是否支持你的AI产品规划，要考虑诸多因素，其中一个重要因素就是技术团队对这个规划的看法。技术团队是否能实现这个规划？要花多少资源（人力、时间）来实现？同时，技术团队是否支持你要考虑公司高管的态度。

要取得公司高管与技术团队的支持，你可以按照以下步骤来进行。

1．先和技术负责人进行非正式沟通

首先和技术负责人进行非正式沟通，和他谈谈人工智能的问题。

对于新技术，技术负责人一般会持有两种态度：有兴趣很想上手；有点畏惧不敢尝试。

如果技术负责人是第一种态度，你可以先试探着说自己近期考虑在产品中加入AI成分，他通常会支持。你再告诉他是情绪识别，请他研究一下相应的公司和应用程序接口。这样的技术负责人可以帮助你获得公司高管的认可。

如果技术负责人是另外一种态度，你也不能放弃，要降低他的畏惧感。让他知道，其实使用 AI 技术的难度并不大。

技术负责人不支持 AI 产品规划，可能还有一个很现实的压力——堆积的需求已经太多了，害怕继续增加需求，尤其是他们不熟悉的 AI 技术需求。遇到这种情况，你首先要能换位思考，避免和对方起冲突。我推荐一个特别重要的思维——交易思维。你要和技术负责人达成一种“交易”——如果技术支持第一个极简的 AI 产品规划，那么最近一个版本的需求规模会比以往略小，会给技术团队留出充足的时间来应对。这可能是比较有效的说服方式。

2．找公司高管谈，但不指望一次谈成

有了前面的准备，可以去找对应的公司高管了。公司高管为什么会不支持你的 AI 产品规划？常见的原因有以下几种。

（1）公司高管认为公司的业务和 AI 没什么关系，不需要去赶这个时髦。

这一点儿也不奇怪，就好像在 2000 年左右，没有几个公司高管认为自己的业务会和互联网有关系。对于一项新技术，大多数公司高管不理解是非常正常的。

（2）因为不熟悉，所以有很多顾虑——把 AI 用到公司业务中，会不会很难？成本会不会很高？这也非常正常，对于陌生的东西，大家难免会有顾虑。

（3）开发 AI 是增加需求，可是产品的需求池里已经堆积了很多需求。如果又要加入 AI 技术，肯定会挤占开发资源。那些堆积了很久的需求怎么办？

（4）如果前面的问题都解决了，就只还剩一个实施问题“我们现有的技术人员有没有这个能力？能不能较快完成上线？”

跳出 AI 产品经理这个角色，转换到公司高管的视角，考虑上面的这些问题是很正常的。为了获得公司高管的认可，我们要想办法将问题一个个解决。

首先，让公司高管将 AI 视为一种能力。和公司高管交谈，千万不要跳入 AI 技术的细节，而是要谈 AI 技术能给公司带来的价值——用了 AI 技术能给我们的产品带来哪些好处。

接下来要消除公司高管的误解，打消公司高管的顾虑。如果有实际的产品可以让公司高管当面体验，更能增强说服力。

明确告诉公司高管，自己已经和技术团队进行了初步沟通，技术团队有能力开发 AI 技术。这时，和技术负责人预先沟通的价值就显现出来了。

如果公司高管还有疑问，那就请他提出来。一次说服不了，就回去进行反思，再找机会说服公司高管。

获得了公司高管的支持，就可以去找技术负责人了。在和技术负责人深入沟通之前，你最好创造一个场景，让公司高管当面表达出认可。例如，你可以趁机提出“X 总，我刚才进来时看到技术总监在，我把他叫进来一起讨论一下”，然后请技术总监进来，哪怕只有几分钟。目的就是让技术负责人确认公司高管的态度。

如果没有获得公司高管的认可，是很难直接推动技术团队实施的。

3．推动技术团队积极准备、实施上线

和技术团队一起想办法实施。你可以通过各种方式找一个做过实际开发的人来给技术团队讲解整个过程，这样既能打消技术团队的顾虑又能少走弯路。

我遇到过一位 AI 产品经理，他问我技术团队这边迟迟推不动该怎么办。因为技术负责人是个比较谨慎的人，对于新鲜事物总是有所顾虑，他既怕做得不好担责任，又怕做不出来显得自己水平不行，于是干脆拖着。

因此，AI 产品经理一定要注意在技术上走极简路线，不要让本公司的技术人员自己写算法和训练模型，不要增加本公司的算力负担，尽量减少本公司技术人员的开发工作量。如果 API 方式可以解决问题，就不要用更复杂的 SDK 方式。

9.2.5　AI 产品经理与 AI 技术人员的协作关系

互联网产品经理大多数属于功能产品经理。他们通常会将产品功能用详细的交互原型、产品文档表达出来，文档中通常包括详细的功能流程图和界面流程图。因为需求表达得非常细致，互联网产品的规划和开发之间的界限相当分明，验收标准也非常明确。

相比之下，AI 产品的规划和开发之间的界限就不是那么分明了，两者之间存在很大的交集。用一张图来对比一下两种产品的区别。互联网产品、AI 产品的规划与开发的界限对比如下图所示。

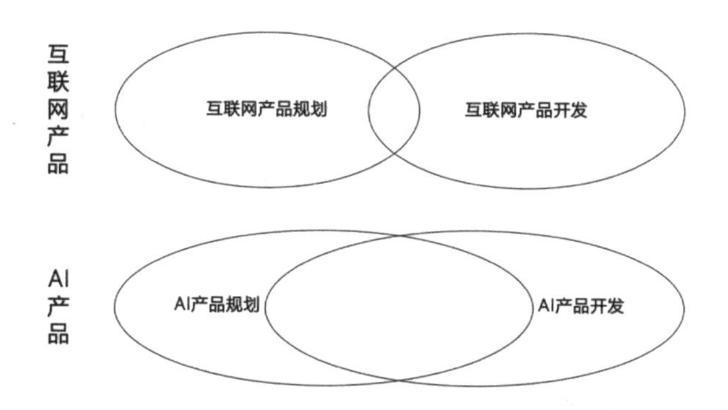

互联网产品、AI 的产品规划与开发的界限对比

互联网产品的规划和开发有交集，但这种交集随着互联网行业的发展与成熟，已经变得很小了。基本上，产品规划评审通过后，产品开发团队就以交互原型、产品文档为依据进行开发，最终将产品交付产品经理验收。与此形成鲜明对比的是，AI 产品的规划和开发的交集非常大，甚至在一定程度上可以认为 AI 产品规划工作是由 AI 产品经理和 AI 开发人员共同完成的。

对于大多数 AI 产品而言，追求详尽的文档往往不切实际。尤其是一些新的 AI 产品类型，应该由 AI 产品经理和 AI 开发人员共同探索，这样产品成功率会更高一些。经过多年发展后，随着相关人员能力的提升，AI 产品的规划和开发也会逐渐变得界限分明，但目前肯定还做不到，产品经理和产品开发人员还需要紧密合作，在持续互动中协力完成产品规划。

9.3 AI产品的数据机制和指标体系规划

AI产品经理在进行AI产品规划时要注重两个方面的规划：产品数据机制规划；产品指标体系规划。

9.3.1 AI产品经理对数据机制的规划

对于AI产品而言，算法和数据都很重要，而且两者缺一不可。数据机制是AI产品的有机组成部分，如何获取高质量的数据是AI产品经理进行规划时要考虑的内容。

数据可分为两种：未标注数据和已标注数据。以一张工业产品的图片为例，原图是未标注数据；如果利用标注软件将其中的缺陷在原图中标注出来，它就成了标注数据。用标注数据去训练AI模型，就是监督学习。在监督学习中，高质量的标注数据非常重要，可能比算法和模型本身更重要。

数据机制包含很多内容，简单分拆如下。

1．数据的获取方式和来源

数据是批量购买还是用合作的方式获取？这要根据产品、数据的特点来进行规划。好的AI产品经理一定要非常清楚产品所在细分领域的数据情况。

例如，医疗影像数据有公开数据集，但其他对手也能获得公开数据集，因此很难形成竞争优势。如果想要获得独家数据，就可以与医院进行深入合作。

有些数据的个性非常强，基本只能自己获取。典型的就是工业产品缺陷数据，不同产品的不同缺陷有非常大的区别，单纯靠公开或外购数据集几乎是无法满足的，这时就必须自己获得数据集并进行标注。例如，为烟草生产企业做烟草包装缺陷检测，合适的方式就是由烟草企业质检部门提供典型的缺陷产品，然后拍成清晰的图片，再由质检工人进行标注。

2．数据标注的规划

标注的质量会直接影响模型的质量。人工标注很容易出现质量问题，因此数据标注至少会安排两位工作人员：标注员和审核员。标注员负责标记数据；审核员负责审核被标记数据的质量。

先由人工标注，然后由另外的人工来审核，在一定程度上就可以保障数据标注的质量。这样虽然会增加人力投入，但仍然是值得的。

数据标注需要相应的软件工具，需要考虑到如何提升效率，如快捷键的设置、边标记边保存等功能的应用。

另外，通过计算标注人员的标注正确率和被审核通过率，对其标注质量进行追踪记录，并利用“末位淘汰制”提高标注人员的标注质量。

数据机制、标注工具和检验机制都是需要针对产品专门进行规划的，虽然有共通的地方，但不同的产品、不同的数据，都有自身个性化的地方。

3．AI 模型检测的规划

AI 技术人员利用数据进行 AI 模型训练，并对模型是否到达了预期需要进行检测。而检测通常离不开人工检测，这也是产品经理要考虑的事情。

还是以烟草包装缺陷检测为例，检测时最好安排真实生产出来的产品由 AI 模型检测，同时安排人工检测，将两者的结果进行对比以发现问题。

4．从数据角度参与 AI 模型的改进

对 AI 产品经理而言，AI 模型是个黑箱，产品经理对 AI 模型本身没有发言权，但产品经理可以从数据角度参与 AI 模型的改进。

例如，公司有一个车险定损的 AI 产品，需要 AI 模型能非常准确地识别车型。因为不同车型的部件不同，价格、工费都不同，这会直接影响定损金额。技术部门构建、训练了 AI 模型，但是在测试时暴露出一个问题——AI 模型对一汽大众某个系列的车型识别率很低。

经过初步分析发现,这个系列的车型和上汽大众的某个系列的车型非常相似,导致 AI 模型容易识别错误。产品经理找到了初步原因，又推测用于训练 AI 模型的数据可能也有问题，于是抽查了标注过的车型数据。这些车型数据标注工作是外包的,抽查发现外包公司在对车型进行标注时出现了很多标注错误。也就是说,因为标注人员认错了车型，导致“教”出来的 AI 模型也认错了。

找到了数据上的原因，产品经理就可以采取以下措施，帮助 AI 模型改进。

（1）针对高度相似的车型，专门补充一批数据，增强 AI 模型的识别能力。

（2）和外包标注公司沟通，要求他们修改标注错误。

（3）将补充、修改后的数据提供给技术部门，重新训练 AI 模型。再次测试时，发现车型识别错误的问题已基本解决。

虽然 AI 模型对产品经理来说是一个黑箱，但产品经理可以从数据角度参与 AI 模型的改进。

9.3.2 AI 产品经理对指标体系的规划

AI 产品在投放市场前需要进行规划、开发和测试，这就要求产品经理进行整体把握。对其整体把握的一个关键工具就是指标体系。产品只有达到了指标体系的指标要求，才能通过验收投放市场，否则就要返工改进，直到达到指标要求为止。

指标要求不是越高越好,太高的指标要求可能导致实施成本过高、周期过长，最终无法达到指标要求；过低的指标要求又会导致产品吸引力下降，甚至带来严重的安全风险。这就需要指标体系内的各指标要求达到微妙的平衡，而这种需要结合多种指标要求达到的微妙平衡，要由产品经理来把关。

下面以人脸识别和语言唤醒为例，介绍其相关指标。

1. 人脸识别相关指标举例

（1）识别率指标，又包括准确率、召回率、拒识率、误识率等。

① 准确率。准确率是 AI 模型正确识别的结果所占的比例。

② 召回率。召回率也叫命中率，是指在所有正类别样本中，被正确识别为正类别的比例。

③ 拒识率。拒识率与召回率相反，是指在所有正类别样本中，被错误识别为负类别的比例。例如，我用自己的脸解锁自己的手机，结果被拒绝了。

④ 误识率。误识率是指将他人误认为指定人员的比例。

不同的指标有不同的意义。召回率决定了系统的易用程度，误识率决定了系统的安全性。误识率对应的风险远远高于拒识率，因此人脸识别要求很低的误识率，同时要求很高的准确率和召回率。

（2）识别速度指标。

识别速度。识别速度是从采集图像完成到人脸检测完成的时间，通常用帧率来表示。识别速度会受图像尺寸、图像中人脸的大小和数量、图像背景复杂度等因素的影响。

2. 语音唤醒相关指标举例

语音是 AI 的另一个重要应用领域，其中智能音箱是一个重要的语音应用产品。用户在使用智能音箱时，需要先进行语音唤醒。例如，对亚马逊 Echo 音箱说“Alexa”，对小度音箱说“小度，小度”。语音唤醒这个环节，用起来很简单，但其实涉及了很多指标。

（1）唤醒率。唤醒率是指用户说出正确的唤醒词后，智能音箱被成功唤醒的比例。这个比例越高越好。

（2）误唤醒率。用户并没有说出正确的唤醒词，结果智能音箱自己“醒”过来了，这就是误唤醒。如果误唤醒率偏高，会严重影响用户体验。例如，夜深人静的时候用户翻身发出一点儿声响，床头的智能音箱突然开始“说话”，很可能会吓到用户。

为了降低误唤醒率，智能音箱采取了多种措施，其实之一就是确保唤醒词的长度。例如，天猫精灵的唤醒词就是“天猫精灵”，小度音箱的唤醒词是“小度，小度”，而不是简短的“小度”。

（3）唤醒响应时间。唤醒响应时间是指从用户说出正确的唤醒词到系统做出响应的时间。这个指标在理论上有无限的改进空间，但从用户体验的角度出发，让用户感觉不到明显的等待即可。

以上列举了一些AI产品的指标，不同的产品及所处阶段不同的产品，其指标体系是不同的。AI产品经理要能结合自己产品的实际情况，制定、调整合理的指标体系，使指标体系发挥出指挥棒的作用，这也是我们制定指标体系的价值所在。

例如，工业零件AI质检中就有两项非常重要的指标：识别率和误费率。识别率就是将有缺陷的零件准确识别出来的比例。一批工业零件中有1000件有缺陷，AI质检系统识别出了992件，那么识别率就是99.2%。误费率就是将本来没有缺陷的零件错误地识别为有缺陷零件的比例。AI质检系统将10000件没有缺陷的零件中的450件识别为有缺陷的零件，那么误费率就是4.5%。

从理想的角度出发，当然是识别率越高越好，最好是100%；同时误费率越低越好，最好是0。但这种指标是脱离实际的，现有技术基本无法实现。

在工业零件的AI质检实战中，识别率、误费率两个指标存在一定冲突，如果想获得很高的识别率，通常误费率也会提高。AI产品经理要综合考虑产品特点、场景需要与技术现实，做出合理的指标决策。一般来说，识别率更加重要，因为一旦有缺陷的产品没有检测出来，流到下一个环节可能会带来严重的问题。而且如果AI的识别率明显低于人工的识别率，这样的产品根本就不会被用户接受。误费率偏高，是有办法通过非技术手段补救的。例如，对价值较高的零件，安排适量人工再复检一次，从中将误费零件拣回。随着AI模型的进化，当误费率低到一定程度时，就可以不再利用人工捡回误费零件了。

第10章

快速获得AI产品经理职位

虽然不能保证每位读者看完这一章都能获得 AI 产品经理的职位，但读完本章可以帮助读者提高获得职位的可能性。

10.1　互联网产品经理快速成为AI产品经理

10.1.1　互联网产品经理和AI产品经理的亲缘关系

AI 产品经理是近几年才出现的新职位，从业者大多数是从其他职位转过来的。其中，互联网产品经理和 AI 产品经理存在很近的亲缘关系，所以互联网产品经理获得 AI 产品经理职位的可能性很大。我们来看一个具体职位的招聘要求。

上海某科技有限公司招聘 AI 产品经理时，对该职位提出的要求多数是关于互联网产品的要求：连续 8 年以上的产品经理工作经验并有成功上线产品的经验；

完整的产品能力；出色的沟通、组织协调能力；优秀的团队管理能力。该职位对于AI的要求只是：对人工智能行业充满热情，有AI产品经验者优先。

北京某科技公司招聘AI产品经理时，对职位提出的要求直接是具有互联网产品经验：2年以上互联网产品经验，有语音或内容工具产品经验者优先。对AI的要求，只是比较模糊的“对人工智能技术等有深刻的认识，能快速适应业务/行业变化”。

总体而言，互联网产品经理是离AI产品经理很近的人。

10.1.2 注意互联网产品与AI产品的区别

互联网产品经理可以将自己原来在互联网产品管理中积累的很多能力，应用于AI产品管理中，但要注意互联网产品与AI产品的区别。

1. 互联网产品几乎都是纯“软”产品，而很多AI产品是软硬整合的

互联网产品的载体是网页、小程序等“软”形式，直接通过互联网进行交付。而很多AI产品是软硬整合的，在专门的硬件上运行专门的AI模型，软硬一起交付给用户。例如，人脸抓拍机、人脸考勤机、手持式AI翻译机、智能音箱等都有专门的硬件。

互联网产品因为是纯“软”产品，没有专门的硬件成本，所以边际成本非常低。多数互联网产品本身是免费的，希望圈占尽量多的用户。而软硬整合的AI产品由于存在专门的硬件成本，往往要求第一版产品就具有较高的质量。产品发布后，AI模型可以免费升级，但硬件无法升级。

2. 互联网产品实施周期短，AI产品实施周期长

因为是纯“软”产品，互联网产品往往采用较短时间快速打造较小的可行产品，尽快将其推向市场然后快速迭代改进。软硬整合的AI产品涉及专门的硬件，会带来一系列相关问题——硬件方案、元器件供应链管理、硬件制造，因此其实施周期比互联网产品长得多。

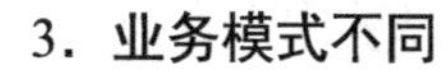

3．业务模式不同

因为有硬件成本，所以软硬整合的 AI 产品极少免费，这和大多数互联网产品正好相反。因为要收费，所以就会涉及定价问题，这就又产生了问题。定价过低，固然可能提升销量，但也可能导致亏损；定价过高，不仅影响销量还可能导致产品在竞争中落败。

4．用户的尝试门槛和使用心态不同

用户对互联网产品是乐意尝试的，所以会有很多用户大量下载安装 App，体验之后再批量删除。如果产品优秀，就会有较大机会脱颖而出。所以，即便在流量高度集中的今天，爆款互联网产品依然能不断出现。

用户要体验软硬整合的 AI 产品通常要支付费用，如果是在网上购买还要等物流送货。这就导致其体验门槛大大提高，很难出现爆款。

因为互联网产品快速迭代的特点，几乎每一个互联网产品的每一个版本都有漏洞存在，只是漏洞多少和大小的区别。新版本发布时，往往修改了上一个版本的部分漏洞 ，但也保留了上一个版本的一些漏洞，同时又增加了新的漏洞。长期以来，大多数用户（尤其是免费产品的用户）对此已经习惯并接受了，他们对漏洞有相当强的容忍能力，也习惯了产品的快速迭代。

但对软硬整合的 AI 产品，用户的态度就有很大区别。尤其是对几乎无法升级的硬件部分，用户对缺陷的容忍度是很低的。这就要求规划、实施这种产品时要更加谨慎，尽量避免产品出现严重问题。

互联网产品与 AI 产品存在很多区别。互联网产品经理一定要警惕两种产品的诸多区别，在产品管理的过程中积极应对。

当然，AI 产品也细分为很多类型，也存在纯“软”形态的 AI 产品，典型的就是以 SaaS 形式存在的 AI 中间产品。这类产品没有专门的硬件，因此和互联网产品没有本质区别，也可以做到快速迭代。如果有选择的可能，互联网产品经理尽量从这类 AI 产品入手，然后逐渐过渡到软硬整合的 AI 产品。

10.1.3 打造高效成长的闭环，为获得 AI 产品经理职位做准备

机会只青睐有准备的人。要想真正抓住机会，获得 AI 产品经理的职位，互联网产品经理还需要做好充分准备。我建议按照以下 4 步走。

（1）对照合格 AI 产品经理的能力杠铃模型，给自己打分。这样可以系统地了解自己当前的能力。

（2）找出短板，列出改进计划。给自己打分可以让短板明显暴露出来，接下来就要针对短板列出改进计划。

（3）按计划行动，弥补能力短板。好的机会还需要好的行动来落实。

（4）检查效果。每隔一段时间，如 1~2 个月可以对照合格 AI 产品经理的能力杠铃模型给自己重新打分，以便检查一个阶段内的提升效果。

当合格 AI 产品经理的能力杠铃模型中的能力项协调增长到一定程度时，互联网产品经理就具备了合格 AI 产品经理的能力体系。

10.1.4 选择适合自己的 AI 产品经理职位

互联网产品经理的能力提升到一定程度时，就可以寻找适合自己的 AI 产品经理职位，主动出击了。

尽管很多职位的头衔都叫“AI 产品经理”，但其具体的行业归属、工作职责、岗位要求存在很大的差异。互联网产品经理应该根据自己的情况，选择适合自己的职位，重点研究、重点争取。下面以具体职位为例进行说明。

1. 明确要求 AI 产品经验的职位

有些 AI 产品经理职位明确要求应聘者有 AI 产品经验，如某公司人工智能创新部招聘 AI 产品经理，其任职要求中包括：主导完成过 AI 产品从 0 到 1 的产品规划和应用架构设计。

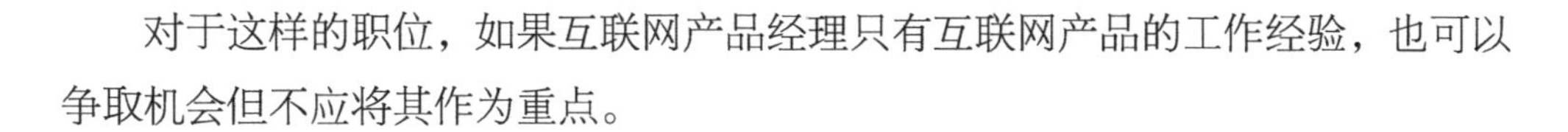

对于这样的职位，如果互联网产品经理只有互联网产品的工作经验，也可以争取机会但不应将其作为重点。

2．不要求 AI 产品经验的职位

某教育集团招聘的 AI 产品经理的任职要求是具有 3 年以上移动互联网产品经验，但对 AI 产品经验并没有要求。这样的机会比较适合互联网产品经理去争取，尤其是熟悉教育行业的互联网产品经理。

某科技公司招聘的 AI 产品经理职位对 AI 能力有一定要求但比较有弹性：对 AI 行业有浓厚的热情和好奇心；有 AI 产品经验者优先。某保险公司招聘的 AI 产品经理职位关于 AI 也只是要求对 AI 感兴趣。这些机会比较适合互联网产品经理去争取，尤其是熟悉相关行业的互联网产品经理。

3．强调技术背景的职位

虽然大多数 AI 产品经理的职位对 AI 能力的要求并不高，但也有些职位提出了很高要求。例如，某实验室招聘的 AI 产品经理就明确要求：计算机、自动化、数学等相关专业硕士及以上学历；机器学习、人工智能、计算机视觉等专业博士优先；熟悉计算机视觉基础算法，对落地场景有深刻理解；有激情和好奇心，对人工智能有浓厚兴趣。

像这样对 AI 能力提出了非常明确的高要求的职位，大多数互联网产品经理应该果断放弃，把精力放在更有可能的职位上。

10.2　应届生快速成为 AI 产品经理

应届生成为 AI 产品经理有直线和曲线两种方式。直线方式就是直接成为 AI 产品经理；曲线方式就是先成为互联网产品经理，然后升级为 AI 产品经理。

无论是直线方式还是曲线方式，应届生的入职职位通常都达不到产品经理的层级，其入职职位通常是产品助理、产品专员、助理产品经理等初级职位。

但这不是问题，先获得初级职位然后经过2~3年的努力，就有可能成为真正的独当一面的产品经理。

10.2.1 直接进入AI技术公司

1. 计算机专业的应届生进入AI技术公司

计算机专业的应届生适合进入AI技术公司，从事技术背景较强的产品工作。例如，某科技公司发布过一个校招职位——技术产品经理，招聘数量是若干，任职资格包括：

（1）计算机或相关专业本科及以上学历，有扎实的技术基础；

（2）有出色的学习能力，对人工智能有强烈的兴趣，具有计算机视觉、机器学习相关的学习、科研经验者优先；

（3）熟练掌握计算机系统结构、操作系统原理、网络原理等基础知识；

（4）逻辑感出色，能快速梳理产品流程。

这类产品经理从事的工作明显偏技术，计算机专业的应届生可以将这类职位作为重点来争取。非计算机专业的应届生，对这类职位则不必强求。

2. 非计算机专业的应届生进入AI技术公司

即使是非计算机专业的应届生，也有机会进入AI技术公司成为AI产品经理。具体包括两种途径：先做产品实习生；直接应聘正式产品职位。从实际情况看，对非计算机专业的应届生而言，产品实习生的机会更多一些。

以某医疗公司为例，该公司就曾招聘产品实习生，招聘对象明确为应届生，没有强制要求计算机专业背景，只是要求：计算机相关或用户体验相关专业优先。

某科技公司招聘的AI产品实习生，不强调专业背景而是要求：熟练运用SQL、Excel进行数据处理，会Python者加分；具有较强的逻辑思维、数据分析与快速学习能力；具备产品思维，有良好的沟通表达能力、项目推进能力和文字功底。

以上条件即使不是计算机专业的应届生也完全可以具备。

产品实习生离正式产品职位还有一些距离，但毕竟有较大机会。应届生如果能争取到实习机会，在实习期间好好学习、好好表现，则是有机会获得正式产品职位的。

对 AI 技术公司而言，非计算机专业的应届生处于“两不靠”的尴尬局面——既不像计算机专业的应届生一样有系统的技术背景，又不像产品经理一样有产品管理经验。所以，AI 技术公司提供给非计算机专业应届生的正式产品职位很少。正因为很少，非计算机专业的应届生一旦遇到这样的机会，就更要尽力争取。

10.2.2 先进入互联网公司成为互联网产品经理

如果应届生无法直接进入 AI 技术公司，可以先进入互联网公司从事互联网产品工作。

互联网行业在中国已经有 20 多年的历史，公司数量及需要的产品经理职位数都比 AI 行业多。互联网公司是应用 AI 技术的先驱，越来越多的互联网产品正在 AI 化。互联网产品经理逐渐有机会在互联网产品中融入 AI 技术，同时使自己逐渐升级为 AI 产品经理。有了这样的能力，其既可以继续留在互联网公司做互联网产品经理，又可以跳槽到 AI 技术公司或传统企业做 AI 产品经理。

对非计算机专业的应届生而言，这可能是一条更宽的路。

10.3 快速、系统地提升 AI 技术能力

想获得 AI 产品经理的职位，花费精力快速、系统地提升 AI 技术能力是非常有必要的。

对互联网产品经理而言，AI 技术能力往往是一个短板，如果能快速补上这个短板，其在与众多同行争夺 AI 产品经理职位时，就有了明显优势。对应届生而言，因为没有工作经验，所以很难与其他应届生拉开差距。如果应届生能系统提升 AI 技术能力，就可以使自己在面试时脱颖而出。相比工作经验的提升，AI 技术能力的提升更容易实现。

因此，只要是想获得 AI 产品经理职位的人，我都建议其多花费一些时间和精力来快速、系统地提升 AI 技术能力。这样，不仅更容易获得 AI 产品经理的职位，入职以后也能更好地开展工作。

我建议按如下步骤来快速、系统地提升 AI 技术能力。

10.3.1 快速掌握基本的 Python 编码能力

Python 是一门计算机程序语言，除广泛应用于 Web 开发、数据分析、运维、自动化测试等领域外，还广泛应用于 AI 领域。目前，大部分深度学习框架都支持 Python，Google TensorFlow 的大部分代码就是用 Python 写的。掌握了 Python，相当于掌握了一把开启 AI 大门的钥匙。

掌握计算机语言最好的方式就是直接写代码。建议大家直接利用在线编程网站来学习 Python，这种学习方式比单纯看书的效率要高很多。我推荐给大家一个中文在线编程网站——实验楼。

在网站注册后就能选择相应的课程进行学习。实验楼中关于 Python 的课程有很多，既有免费课程又有收费课程。与收费课程相比，免费课程的质量也比较高。

整个学习界面分为两大部分，左侧是课程内容讲解，右侧是代码输入界面，用户可根据课程内容讲解在右侧输入相应代码。如果运行出现问题，界面会提示出现问题的原因，用户改正后可再次运行。运行通过后就进入下一步的学习。其典型的学习界面如下图所示。

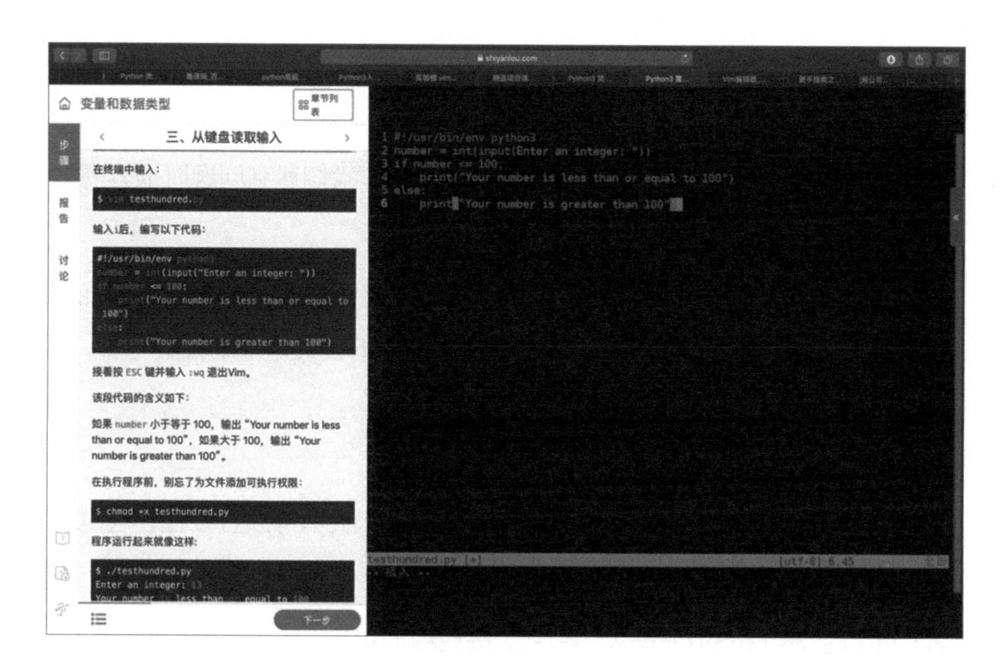

实验楼典型的学习界面

在这种学习方式中，学习者几乎是从开始就用 Python 写代码，既便于理解又便于记忆，因此学习效率很高。再加上 Python 本身就比较简单，学习者可以较快地具备基本的 Python 编码能力。

除了实验楼，还有其他类似的网站可供读者学习，这里不再详细介绍。

10.3.2　搭建真实的 Python 环境，掌握配套技能

经过第一步的学习，我们已经具备基本的 Python 编码能力了，也破除了代码的神秘感。但第一步我们为了方便，是在 web 模拟环境中进行编码的，并不是真实的 Python 环境。第二步我们需要在自己的电脑上搭建真实的 Python 环境，并且熟悉这个环境，为第三步打好基础。

以我使用的 Mac 电脑为例，其系统自带 Python2.7 版本。但这个版本明显偏低，我先要将电脑的 Python2.7 升级到较新的 Python3.6 版本，然后安装 Python 的 IDE（集成开发环境）Pycharm，就可以在 Pycharm 中进行 Python 编码了。

除了基本的Python环境和IDE，还需要安装和使用配套工具，如Linux Shell及Python包管理工具pip。

网上有很多搭建Python环境的配套教程和文章，我们遇到问题时很容易就可以找到答案。

第一步和第二步的顺序不能颠倒。因为一个从来没有写过Python代码的人，在搭建复杂的Python环境时通常会遇到很多问题，很容易因此放弃。

10.3.3 上手TensorFlow

我们先用pip安装TensorFlow的CPU版（这个版本可以直接在普通电脑上运行），再安装NumPy与Matplotlib等配套的库。

我们可以选择TensorFlow入门教程，按教程的指导一步步操作，一行行写代码，理解TensorFlow的框架结构和操作思路，遇到问题就上网搜索答案。由简单的TensorFlow开始，如拟合出一条线性函数曲线，逐渐过渡到创建和训练神经网络。

因为TensorFlow将创建和训练神经网络的过程变得非常简单、高效，而好的教程又把操作过程拆分、讲解得非常细，所以非计算机专业的人只要放下畏难情绪，按照教程一步步操作，基本都能上手完成。

如果每天投入1小时（大多数互联网产品经理可以做到），大约3个月的时间就可以走完以上3步。如果每天投入3小时（对应届生而言不算太难），大约1个月的时间就能走完以上3步。而一旦完成整个过程，无论是互联网产品经理，还是应届生，其对AI技术的理解就上升了一个层次，从而其获取AI产品经理职位的可能性也会大大提高。

高级 AI 产品经理篇

与合格 AI 产品经理相比，高级 AI 产品经理只有具备更健全的能力体系，才能在企业中发挥更大的作用。对 AI 技术公司和传统企业的 AI 应用而言，高级 AI 产品经理是宝贵的财富和稀缺资源。

高级 AI 产品经理是一个层次，而不是一个具体的职位头衔。真正达到这个层次的 AI 产品经理，其职位头衔通常已经不是经理，而是产品总监、产品副总裁甚至是首席产品官。

本篇比合格 AI 产品经理篇更加精简，主要讲 3 个问题。

（1）高级 AI 产品经理的能力杠铃模型，简称高级 AI 杠铃。

（2）AI 技术—场景洞察。对于 AI 技术—场景，合格 AI 产品经理只需要做到适配即可，而高级 AI 产品经理要达到洞察的层次。只有做到了对 AI 技术—场景的洞察，高级 AI 产品经理才有可能做出好产品。

（3）AI 商业模式设计。AI 商业模式设计主要由 AI 创业家、企业家来承担，但高级 AI 产品经理应该积极参与，在这个重大事项中尽量发挥作用，体现自己的价值。商业模式和产品是紧密关联、彼此影响的。高级 AI 产品经理对产品比较了解，因此如果能深度参与商业模式设计，就可以让商业模式更贴近产品。另外，高级 AI 产品经理只有深度参与商业模式的设计，才能深入理解商业模式，才能使其更好地通过产品来落实。

第11章

高级AI产品经理的能力体系

11.1 高级AI产品经理的能力杠铃模型

11.1.1 高级AI产品经理的能力杠铃模型的整体结构

与合格AI产品经理的能力杠铃模型相比，高级AI产品经理的能力杠铃模型有了全面的提升，不仅增加了更多的能力项，原有能力项的含义也有了升级。

高级AI产品经理的能力杠铃模型由三大部分构成。

1．处于中心位置的杠铃，由杠铃杆和两端的杠铃片组成

从左往右依次是商业理解、AI技术—场景洞察、需求管理、AI产品规划、商业模式设计、运营互动。我们知道，真实的杠铃无论多重，运动员都是抓住杠铃杆把整个杠铃举起来的。所以，高级AI产品经理必须要做而且要做好需求管理和AI产品规划。前面的商业理解和AI技术—场景洞察可以提升需求管理和

AI 产品规划的层次；后续的商业模式设计和运营互动可以更好地落实需求管理和 AI 产品规划，实现产品的价值。

2．和杠铃平行的跨域产品借鉴和数据布局

跨域产品借鉴和数据布局与杠铃平行，表明这两项能力可以支撑、服务于高级 AI 产品经理的核心工作。做好跨域产品借鉴和数据分布，不仅有助于提升高级 AI 产品经理的商业理解与 AI 技术—场景洞察能力，还能指导高级 AI 产品经理做好商业模式设计和运营互动。

3．顶部的思维、影响

思维和影响发挥着顶层作用，深刻影响着其下方的其他能力项。理解、洞察、设计、互动、借鉴、布局，这些能力都是以思维能力为基础的。思维能力确定了其他能力的上限。影响力，简单地说就是影响他人的能力。高级 AI 产品经理几乎在每一个工作环节都需要和他人打交道，获得他人的支持，只有这样才能把产品做好。所以，其影响力的强弱直接决定其他能力的发挥程度。

高级 AI 产品经理的能力杠铃模型如下图所示。

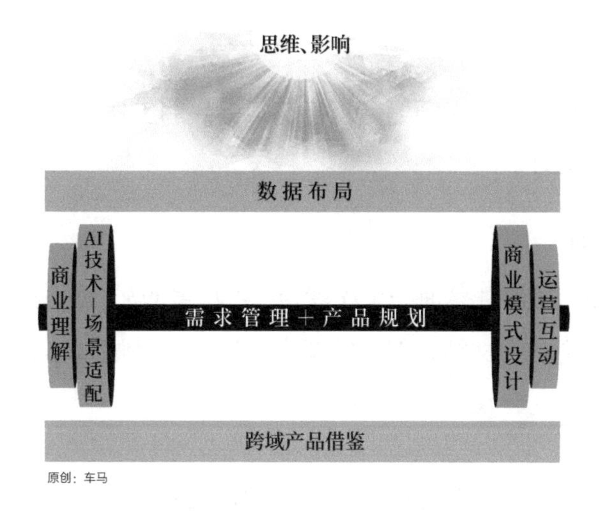

高级 AI 产品经理的能力杠铃模型

11.1.2 高级 AI 产品经理的能力杠铃模型的 10 个关键能力项

高级 AI 产品经理的能力杠铃模型的三大部分合计有 10 个关键能力项，我们在这里简单介绍一下。

1．商业理解

高级 AI 产品经理是商业理解能力较强的人之一。高级 AI 产品经理要站在商业前沿思考 AI 技术前沿，找到 AI 技术的商业场景、商业模式，让 AI 技术发挥出较大的商业价值。

产品是商业的核心要素之一，是商业大厦的基石。脱离商业谈产品是没有意义的。AI 产品面临更加不确定的商业环境，这就要求高级 AI 产品经理必须懂商业，能从商业的层面看待产品，这样才有可能做出更有商业价值的产品。

2．AI 技术—场景洞察

对于 AI 技术—场景，合格 AI 产品经理只要做到适配即可，但高级 AI 产品经理需要提升到洞察的层次。关于技术—场景洞察会在第 12 章进行详细讲解，这里不再赘述。

3．需求管理

需求管理是产品管理中必须要做而且必须做好的工作，高级 AI 产品经理同样要做而且要做得更好。

4．AI 产品规划

AI 产品规划是 AI 产品经理的工作落点，也是重要的输出物。高级 AI 产品经理不一定亲自画原型、写文档，但一定要亲自进行产品规划，掌控产品的方向。

5．商业模式设计

高级 AI 产品经理不仅要能进行产品规划，还要能进行（至少是深度参与）商业模式设计。好的商业模式能让产品乃至公司的业务以更好的方式运行，从而产生更高的价值。

6. 运营互动

高级 AI 产品经理不应该局限在产品规划中，而是要往下游延伸与运营形成良好互动，因为产品只有运营才能发挥作用。而运营可以直接接触用户和应用场景，与其形成良好互动能够加深高级 AI 产品经理对应用场景的理解。

7. 跨域产品借鉴

跨域产品借鉴是指跨越 AI 产品的局限，借鉴互联网产品、传统产品等更广泛领域的产品。如果不能跨域，借鉴可能导致 AI 产品的思路越来越窄、越来越同质化。高级 AI 产品经理要能突破自己的领域壁垒，善于学习和借鉴。

8. 数据布局

数据对 AI 产品的意义重大，AI 产品既源于数据又用于数据。对待数据，高级互联网产品经理是从数据分析升级到数据驱动的，而高级 AI 产品经理则要再次升级为数据布局。

9. 思维

这是一项影响深远的能力，也是很容易被忽视的能力。思维的境界决定了能力的边界。要成为高级 AI 产品经理，必须系统增强思维能力。

10. 影响

影响和思维类似，重要而又容易被忽视。影响的能力和高级职位之间关系紧密，两者互为因果——产品经理在公司具备了足够的影响力，他会自然上升到高级产品职位；如果获得了高级产品职位，他必须在公司产生相应的影响力，否则就难以保住其高级产品职位。

高级 AI 产品经理的能力杠铃模型中没有工具、产品团队管理等内容，不是说高级 AI 产品经理就不用工具、不管团队了，而是说这些属于配套能力。能力杠铃模型没有将这些层次较低的能力项纳入，否则会导致模型过于复杂，从而不能突出重点。

11.1.3 高级 AI 产品经理篇的内容安排

如果将高级 AI 产品经理的能力杠铃模型的 10 个能力项展开讲解，需要占用大量篇幅。考虑到本书的很大一部分读者是互联网产品经理，其能力杠铃模型与高级 AI 产品经理的能力杠铃模型的整体结构是相同的，部分能力项也相同，因此本篇选取特别重要的、AI 特色鲜明的两个能力项进行重点讲解：AI 技术一场景洞察和 AI 商业模式设计。

没有详细讲解的其他能力项，如果读者有兴趣系统学习和提升，可以参考我已经出版的另一本书《首席产品官 2——从白领到金领》，书中对每一个能力项都进行了详细讲解，不仅结合了丰富的实战案例，还给出了具体的应用指导。虽然那本篇是针对高级互联网产品经理的，但其中的多个能力项对高级 AI 产品经理同样适用。

11.2 跳出 AI 的圈子，做好 AI 产品

高级 AI 产品经理和合格 AI 产品经理不同，要能跳出 AI 的圈子做 AI 产品。下面我们会通过具体例子来讲解。

11.2.1 跳出 AI 的圈子

产品使用 AI 技术的根本目的是解决问题。解决问题有多种方案，AI 只是其中一种。高级 AI 产品经理要能跳出 AI 的圈子。

例如，一家食品企业在进行产品包装时采用自动充气包装线，这样做会出现较小比例的空包，即包装看起来很完整但里面是空的。而且包装材料是不透明的，肉眼也看不出来哪些是空包。这是生产线本身的问题，企业能做的改进有限。虽然空包的比例很低，但一旦出现就会严重影响客户感受，所以要尽量避免空包流入市场。

针对这个问题，如果我们不能跳出 AI 的圈子，就会想到在生产线末端加上

重力感应器，快速称量每个包装的重量，用机械臂（AI 驱动）将低于一定值的包装取下。事实上，目前就有不少 AI 技术公司局限在 AI 思维中，在很多场景中就采用了类似的做法。

但在这个场景中其实有更简单的解决方案，完全和 AI 无关而且成本很低，即在生产线末端放一个工业风扇，对着生产线上的包装吹风。将风力大小调节到适当程度，使正常包装不受影响，而空包则被吹下生产线。

产品只有被用户使用才有价值。当两个解决方案摆在这家食品公司面前时，它绝对不会因为 AI 技术更先进就采用 AI 方案，它会选择那个更简单有效、成本更低的方案——放一个工业风扇。

11.2.2　跳出 AI 圈子的例子

1．智能音箱跳出 AI 圈子的例子

智能音箱多数存在于家庭场景中，所以控制家电一直是智能音箱生产商很重视的功能。如何通过智能音箱控制家电呢？亚马逊的方案是和家电厂家合作，使家电在出厂时就支持智能音箱。这是一个很 AI 化的方案，但这样做进展慢、成本高。尤其是已经购买家电的用户，显然无法通过智能音箱来控制其家电。

其实还有更简单的方式，我们看看百度智能音箱的做法。

为了解决家电控制的问题，百度用了更简单，目前看来也是较好的方法。小度智能音箱大金刚集成了多个红外发射器，同时内置了红外编码库。用户如果想通过智能音箱控制空调，只要对着大金刚说“小度小度，连接空调”，就能达到目的。用户与智能音箱对话的环节用到了人工智能；智能音箱根据用户的指导，发出红外遥控信号控制家电，这个环节则不需要人工智能。家电不需要进行任何改动，现有的家电和以后买的家电都可以通过智能音响来控制。小度智能音箱大金刚及其控制家电的场景如下图所示。

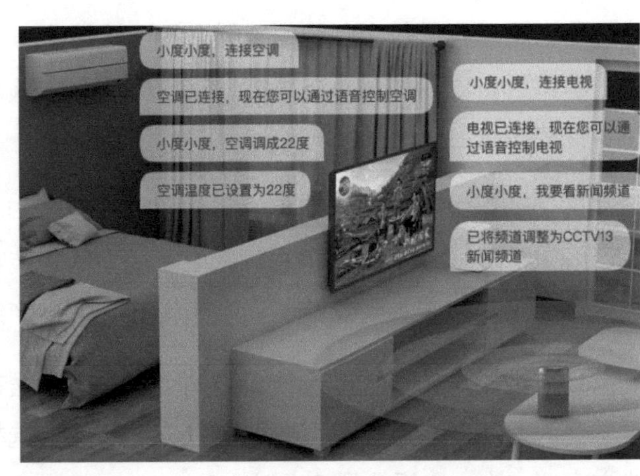

小度智能音箱大金刚及其控制家电的场景，来自小度商城官网

高级AI产品经理应该跳出AI的圈子，毕竟AI技术只是产品的构成要素之一，而不是全部。高级AI产品经理要用好AI能力，发挥AI价值，而不是被AI束缚。

2．医疗影像跳出AI圈子的例子

AI是我们的视角和出发点，但如果始终不改变视角，它就会成为一种限制。例如，医疗影像领域的AI应用多数将自己局限在AI本身。很多公司都推出了AI医疗影像辅助诊断产品，结果产生一个问题：同质化严重，众多公司的产品针对同一个病种的系统差别很小。

除了打造更好的AI医疗影像辅助诊断产品，高级AI产品经理可以跳出AI的圈子，看到更大的场景，站在更高的层次去规划产品。

目前，我国的医院影像正在从实体胶片向数字化过渡。规模较大的医院处于领先地位，普遍已经有医疗影像系统。医疗影像系统属于医疗信息化范畴，并不属于AI范畴。但如果我们跳出AI的圈子，把医疗影像信息化也纳入视野，思路可能就打开了。按这个思路，如果一家AI技术公司要进入医疗影像市场，除了前面提到的常规方式，还可以这样做。

对已经建立了医疗影像系统的医院，AI技术公司可以将自己的AI能力集成到医疗影像系统中，使 AI 技术无缝嵌入已有的医疗影像系统中。要做到这一点，不仅涉及 AI 技术，还涉及不同系统的连通、集成，甚至涉及特殊的硬件，与做一个单独的 AI 辅助诊断产品相比难度更大。但一旦做到了，就拥有了比较稳固的地位，不会被轻易替代。

对正在向数字化过渡的医院，更好的方式是为医院提供影像云服务。AI 技术公司通过多种云手段满足医院的成本、隐私需求，只是这个云服务直接整合了 AI 能力。医院使用影像云服务，也就实现了 AI 落地应用。这当然比单纯的 AI 系统难度更大，但壁垒也会更高，可能也是更好的方法。

跳出 AI 的圈子来做 AI 产品，体现了高级 AI 产品经理的能力和价值。

第12章

AI 技术—场景洞察

上一篇针对合格 AI 产品经理，已经讲解了 AI 技术—场景适配的问题。高级 AI 产品经理关于 AI 技术—场景的能力需要升级，从适配升级为洞察，具体包括对适配度的洞察、对价值的洞察、对障碍的洞察、对商业风险的洞察。对这 4 个洞察，我们将各安排一节来讲解。

12.1 对 AI 技术—场景适配度的洞察

12.1.1 从 AI 与人的关系角度洞察适配度

AI 就是人造的智能，我们不妨来分析一下 AI 与人的关系，这有助于提高高级 AI 产品经理对 AI 技术—场景适配度的洞察能力。人与 AI 的能力关系及 AI 产品的生存空间如下图所示。

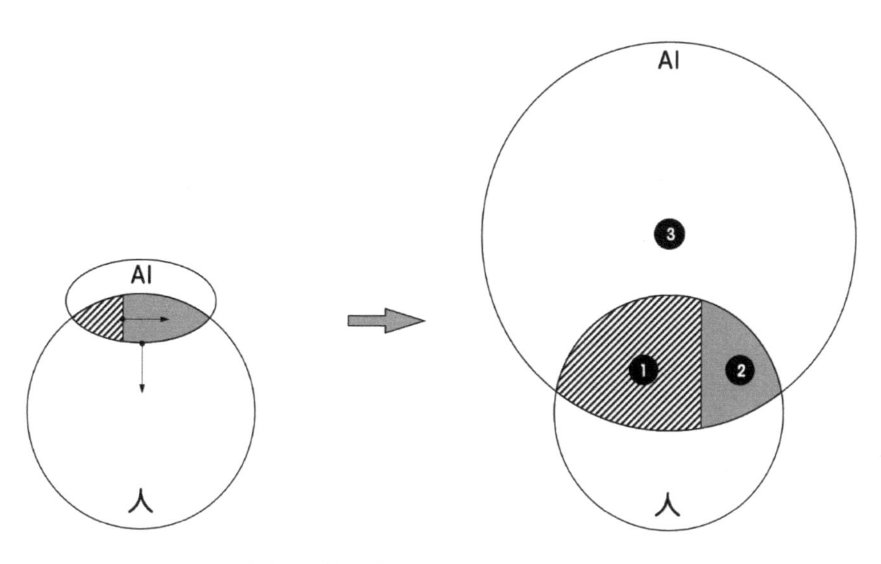

人与 AI 的能力关系及 AI 产品的生存空间

上图底部的圆代表人的能力圈，已经基本固定。上图上部的图形代表 AI 的能力圈，其在快速扩张。当前 AI 的能力圈已经侵入了人的能力圈，并形成了一定的交集。左侧图中向下的箭头，代表了 AI 的能力圈继续侵入人的能力圈的趋势。

人和 AI 能力圈的交集还可以细分为两部分。斜线部分代表 AI 取代人的区域，灰色部分代表 AI 与人协作的区域。左侧图中向右的箭头代表了 AI 更多地取代人的趋势。

左侧图代表了当前的情况，右侧图代表了不久将来的情况。

右侧图中的黑色圆形中的数字代表与 AI 技术适配的场景，也是 AI 产品发生作用的 3 个区域。

区域 1 代表 AI 取代人的区域。这个领域是 2016 年至 2018 年 AI 发展热潮期间中的重点，也是入门不久的 AI 产品经理的生存空间。

区域 2 代表 AI 与人协作的区域。随着 AI 技术的发展，区域 2 其实隐含了很大的空间。

区域 3 代表了人的能力之外、AI 能力之内的空间。这是一个被严重忽略的产品空间。

高级 AI 产品经理更应该站在 AI 和人的关系角度来洞察 AI 技术—场景。高级 AI 产品经理除了要在区域 1 内寻找产品机会，更要考虑区域 2 和区域 3 内的产品机会。

12.1.2　对目标场景未来趋势的洞察

合格 AI 产品经理一旦实现了某个 AI 技术与某个场景的适配，就会以此为基础来规划 AI 产品。但高级 AI 产品经理会多看一步，先对目标场景的未来趋势做出判断。

我们都知道，随着产业环境的变化，有很多低端制造业迁移到成本较低的东南亚地区。如果高级 AI 产品经理判断某个行业正处于这个趋势中，这样的场景就不是一个合适的场景，应该放弃。因为 AI 技术在任何一个行业场景落地应用，都要花费不少时间。如果选择这样的场景，等可行的方案出来，也许目标客户已经迁走了。因此，高级 AI 产品经理需要对目标场景未来几年的发展趋势做出判断。

12.1.3　对替代方案的洞察

其实，大多数客户对 AI 技术并没有执念，他们只是想解决自己的问题。AI 技术可能只是诸多解决方案之一，而且还有可能不是最好的方案。这是 AI 公司特别容易犯的错误。因为自己擅长打造锤子，而且可以根据场景特点定制专门的锤子，就很容易到处去找螺丝钉。而客户可能要把自攻螺钉拧进去，可以用锤子，但更适合的工具其实是螺丝刀。

在 2016 年至 2018 年的 AI 发展热潮中，这种情况屡屡出现。有些场景一天也没有多少咨询量，可公司偏要配一个接待机器人，结果因为配套的知识库等问题，接待机器人完全成了一个“傻瓜”。

有些场景其实只需要把告示写得清楚一点，其引导效果更好。例如，有段时间我曾多次去某人才中心办不同的事，而且这些事我都是第一次办。大厅入口处写得很清楚——办什么业务、要准备什么材料、上几楼、怎么办。因此，尽管来办事的人很多，但只有很少的人需要向前台咨询，前台配备一个人就足以应对。再有什么更细致的疑问，可以到对应的窗口去询问。在这个场景中，现有的方案已经非常好了。如果一定要摆放一个接待机器人，人就要先教会机器人现有的业务细节，一旦有修改（小的更改经常发生）还要马上更新，这其实并不容易做到。结果常常是用户说不清楚，机器人听不明白，这时机器人并不会产生多大用途。这样，大多数接待机器人将很快被撤下，它虽然涉及 AI 技术，但并不是这个场景中最好的解决方案。在前台无人问津的接待机器人如下图所示。

在前台无人问津的接待机器人，车马拍摄

相对其他方案，AI 解决方案其实有一个很大的问题，而 AI 技术公司对外宣传、对客户宣传都极少提到这个问题，那就是 AI 解决方案需要持续付费。因为 AI 解决方案通常要依赖云端智慧的成长，还要依赖云端算力，所以 AI 解决方案往往意味着需要持续付费。这是 AI 解决方案的特点，但如果横向比较这也可能是它的缺点。因为这和大多数客户的购买方式有很大不同，尤其是我国的企业更习惯一次性付费。

仅仅这一问题可能就会构成很大的障碍。目标客户一方面难以接受新的支付方式，另一方面也存在顾虑。应用效果好，担心 AI 供应商乱涨价；还担心 AI 供应商的持续服务能力，如果用了两年用得很好，突然 AI 供应商倒闭了，云端突然不可用了，就会对自己公司的业务产生严重影响。而购买设备就可避免这种问题，即便设备供应商倒闭了，设备还能继续使用。

所以，切换一下视角和立场，和 AI 应用的目标客户（同时也包括很多非 AI 应用的客户）多沟通，你就会有更强的客户视角，这样才能真正跳出 AI 的圈子，做好 AI 产品。

12.2 对 AI 技术—场景价值的洞察

合适的 AI 技术—场景组合只是解决了 AI 技术的可行性问题，接下来要判断 AI 技术—场景组合有什么价值？有多大价值？这就是 AI 技术—场景的价值洞察。

与 AI 技术适配的场景有很多，但各自蕴含的商业价值是不同的。我们应该优先选择高价值的场景切入。所以，对 AI 技术—场景的价值洞察就显得非常重要。

我们以 AI 在汽车驾驶中的应用为例。一直以来，L5 级别的全自动驾驶备受关注，一旦实现的确具有非常大的价值。但问题是，L5 级别全自动驾驶实现的难度非常大，人们普遍认为还需要 15 年以上的时间才有可能实现。相比之下，AI 自动泊车在近期的商业价值更大。

自动泊车场景的需求大，其 AI 技术难度比 L5 级别全自动驾驶的技术难度要低得多，相应的产品售价也不会太高，可能成为中高端汽车的标准配置，具有很大的市场价值。那些在 AI 自动驾驶领域钻研的公司，可以尝试从 AI 自动泊车场景切入，也许能更快挖掘出其中的商业价值。

商业价值不一定和技术难度成正比。有些场景的商业价值大，但涉及的技术并不复杂。高级 AI 产品经理应该多考虑这样的场景，或者先在这样的场景中立足，然后再去切入其他更难的场景。

12.2.1　AI 技术—场景价值洞察的例子

1．电梯轿厢场景的例子

我们先看一个传统技术的例子。电梯轿厢具有很大的商业价值。分众传媒发现了其商业价值，并进行了挖掘。采用的技术很简单——制作印刷品挂板，将挂板直接固定在电梯轿厢的 3 个面（正对电梯门的一侧和左右两侧）上，可以更换里面的广告画面。

电梯轿厢的另一个面——电梯门所在的那一面，其商业价值更大，因为多数人在电梯轿厢中会面朝门所在的一面。但人们在较长时间内没有找到对应的技术来开发这一面的商业价值。电梯门是侧向滑动的，挂板太厚，不可能挂在这一面，否则电梯门无法正常开关。后来，有人想到可以采用超薄的强力贴纸，直接将广告画面贴在电梯门上。因为非常薄、粘贴非常牢固，所以不会影响电梯门的正常开关。电梯门的价值被挖掘之后，又有人发现了电梯门旁边很窄的那块空间的商业价值。空间就在电梯门的两侧，通常其宽度只有 30 厘米左右，而且一侧被按键面板占用。有人找到了适配这个场景的技术——定制的竖向液晶屏。这种液晶屏的宽度很窄，但比较高，宽高比在 1∶5 左右。为了和大多数广告内容相适配，这个竖屏从上到下划分为多个广告区域，因此需要定制屏幕，这里涉及的技术显然比纯机械的广告挂板要复杂一些。一个电梯轿厢中 3 种广告媒体形式并存的场景如下图所示。

一个电梯轿厢中 3 种广告媒体形式并存，车马拍摄

在一个电梯轿厢中，从左到右分别是相框式广告挂板、定制竖向液晶广告屏、电梯门贴纸广告，分别对应着 3 家不同的广告媒体公司。

看起来电梯轿厢的 4 个面的商业价值都已经被挖掘殆尽了。如果只使用上述技术，的确是这样。但如果主动寻找，可能还能找到相应的技术，形成新的技术—场景组合，进一步挖掘电梯轿厢的商业价值，如投影广告。投影广告包含两个部分，第一部分是贴在电梯门靠内一侧的投影布，这个投影布的材质类似会议室用的投影幕布，它本身没有内容，只是用来显示投影画面的；第二部分是吊挂在电梯顶部的微型投影机，当电梯门关闭时，微型投影机将广告画面（静态画面或视频）投影到幕布上，当电梯门打开时，投影暂停，避免使进入电梯轿厢的人感到晃眼。

2．视频节目植入广告的例子

再看一个 AI 应用的例子，以视频节目植入广告为例。以前的视频节目要植入广告，在拍摄之前就要确定客户、植入的产品及植入的形式，一旦开拍就很难更改，具有很大的局限性。节目最初没有找到足够的广告主，在节目制作完成播出一段时间后，即便有广告主感兴趣，但因为节目已经制作完成也很难再植入了。这个场景就蕴含着很大的商业价值，涉及的 AI 技术也已经很成熟了。影谱科技就在这个领域取得了商业成功。

其产品叫植入易，借助 AI 技术解决了节目拍摄完成后无法进行广告植入的问题。节目组利用该产品可以在任何时候通过即时贴、道具、动态视窗、神字幕、Logo 等多种具体形式，将产品广告植入节目内容中。

以道具形式为例，在拍摄时嘉宾在侃侃而谈，嘉宾前面的桌子是空的。如果之后节目组接到了果汁企业的广告植入需求，就可以采用 AI 技术将该企业的果汁包装“放”在嘉宾前面的桌子上，而且光影效果非常逼真，就像实拍一样；如果接到了牛奶广告，那嘉宾前面的桌子上就“摆上”牛奶；如果接到了酱油广告，桌上就“摆上”酱油瓶；如果是快手这样的互联网产品，则可以植入产品的水晶牌。这种技术已经在《我是歌手第四季》《声临其境》等热门节目中得到了应用，如下图所示，普通观众根本看不出广告产品和水晶牌是后来植入的。

影谱科技将快手短视频的水晶牌植入《声临其境》嘉宾的桌面

AI 技术还可以实现广告画面与环境的紧密融合，将广告变成内容，使观众更容易接受，这种技术已经在《亲爱的客栈》等真人秀节目中得到了应用，具体如下图所示。

影谱科技将碧浪的广告招贴植入《亲爱的客栈》真人秀节目场景中

这在商业上具有很大的价值。以前植入的广告是事先谈定的，招商进度严重影响节目的拍摄。如果拍摄时没有接到植入广告，而播出后节目走红，就会造成商业价值的流失。有了这种技术，招商进度对节目拍摄的影响就变小了。节目在开播一段时间之后如果引起了广告主的关注，那时再谈植入可以谈下更高的价格。

其实，这对广告主也有利，广告主可以先看到节目样片甚至看到播出一两期后的效果，再选择是否植入广告，这也降低了广告的投入风险。

高级 AI 产品经理应该尽量从高商业价值、高技术确定性场景入手，但并不是永远停留在这些场景中，而是先在这样的场景中立足，先生存下来再去攻克更难的场景。

3. 矿场的例子

再看一个矿场的例子。西安主函数智能科技有限公司对矿场这个场景有较深的理解，他们发现矿场（尤其是露天矿场）有一个明显的痛点——矿车运营成本很高。高成本主要来自两个方面：矿车司机的高成本和矿车的高油耗。矿车与露天矿场的环境如下图所示。

矿车与露天矿场环境

矿车体积巨大，矿车司机只有通过专门培训才能驾驶它。矿车司机的人力成本比普通司机人力的成本高得多，且很多矿场是 24 小时连续运转的，一台矿车要配置 3~4 个司机，每年的人力成本很高。矿车因为自重大、载重大，加上矿场又有大量的坡路，导致油耗成本非常高。

针对这个具体场景，如果我们从 AI 技术出发，那么可能想到的方案就是矿车的自动驾驶。确实有一些公司在开发相应技术，也取得了不错的应用效果。主函数智能科技有限公司也有这样的业务——对矿车投入 50 万元左右进行自动驾驶改造，运营一年左右可以收回改造投资。但该公司也没有放弃场景中的另一个可能——对油耗的改进，其推出了针对矿车的混联系统，具体如下图所示。

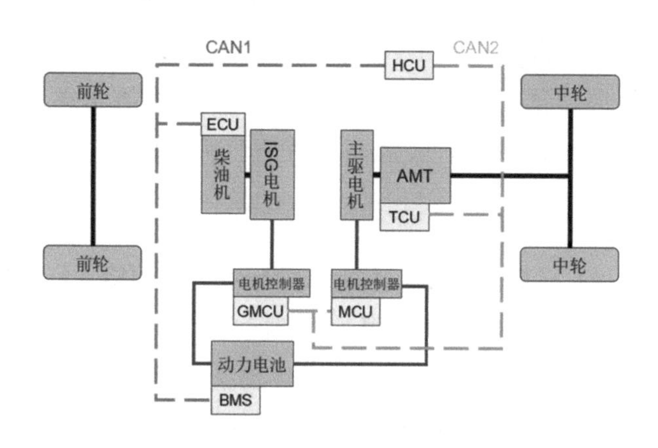

针对矿车的混联系统，适合下坡工况

上图的方案看上去只是已经普及的燃油—电池混动方案，是在电池、电机的辅助下，使燃油发动机尽量在较经济的状态下运转，达到省油的目的，但这个方案特别针对了矿场、矿车的特殊场景。矿区的路很少有平的，有很多的下坡。这个方案可以使矿车在下坡时通过发电机回收能量。正因为充分考虑了矿区的特点，应用了具有针对性的技术，才取得了较明显的节油效果。由于矿车的高油耗和长时间运转，运营一段时间后节省的燃油费用就可以覆盖改造费用。

针对同一个场景、同样的客户，AI 产品和非 AI 产品结合起来就构成了整体解决方案，可以形成组合竞争力。如果这家公司和其他公司去竞争同一个矿场客户，这家公司可以将矿车自动驾驶和混联系统结合起来，以发挥更大的价值，这样更有可能获得客户的青睐。毕竟，对客户而言，这样可以减少供应商的数量，便于实施和日后维护。

12.2.2　洞察问题中潜藏的商业价值

很多技术是一把双刃剑，应用于场景后不仅带来了利益也带来了问题，甚至是严重的问题。而这些问题中也很可能蕴藏着商业价值。

以互联网技术为例，互联网技术给人们带来了巨大利益的同时，也带来了一个严重的问题——互联网安全问题。在互联网上病毒横行，不仅影响用户体验、泄露用户隐私，还直接导致了大量的金钱损失。以 360 为代表的公司看到了这个问题中的价值，推出了 360 安全卫士、360 杀毒等优秀产品，加上强有力的免费模式，最终挖掘出了巨大的商业价值，进而成为一家全球知名的互联网公司。

我们再看一个 AI 领域的例子。人脸识别技术一方面给人们带来了极大的便利，另一方面也带来了严重的隐私问题。用户担心自己的照片被用于其他用途。D-ID 这家公司看到了其中的需求，推出了照片隐私保护产品，就是对用户的照片进行反 AI 处理。人眼可以正常识别处理之后的照片，所以不会影响照片的正常用途，但 AI 系统无法识别照片，这就避免了很多潜在风险。原始照片与 D-ID 反 AI 处理的照片如下图所示。

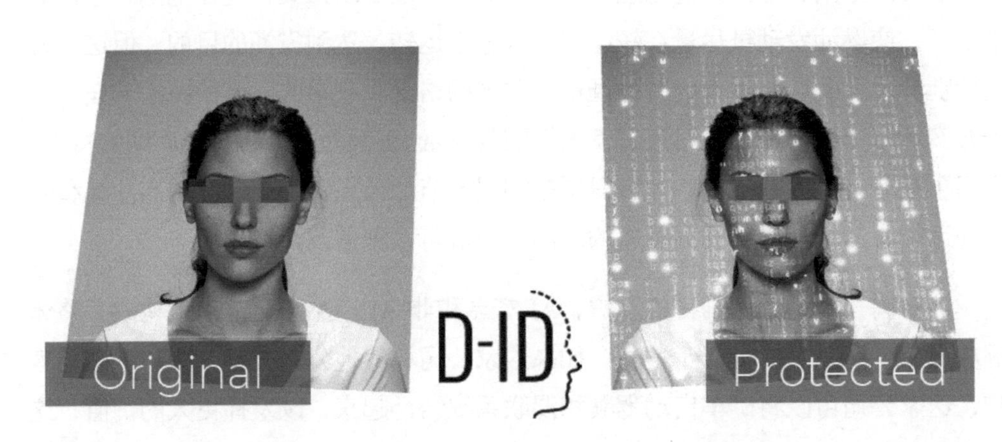

左侧是原始照片，右侧是经过反 AI 处理的照片

能洞察 AI 问题中潜藏的商业价值，是高级 AI 产品经理“高级”的重要体现之一。

12.3　对 AI 技术—场景障碍的洞察

在识别场景价值时，高级 AI 产品经理除了要考虑价值，还要考虑障碍。技术在应用的过程中会遇到大量的障碍，有些障碍还是无形的。高级 AI 产品经理只有洞察了障碍，才能提前做准备去解决障碍。这和风险识别与风险管理是同样的道理。

12.3.1　价值—障碍矩阵

为什么在很多被一致看好的场景中，AI 技术的应用并不顺利？根源就是我们往往只看到了价值，而忽略了其中的障碍，甚至还会进一步放大价值、缩小障碍，将真实场景扭曲了。

为了便于理解，我做了一个简单实用的矩阵图。AI 技术—场景的价值—障碍矩阵如下图所示。

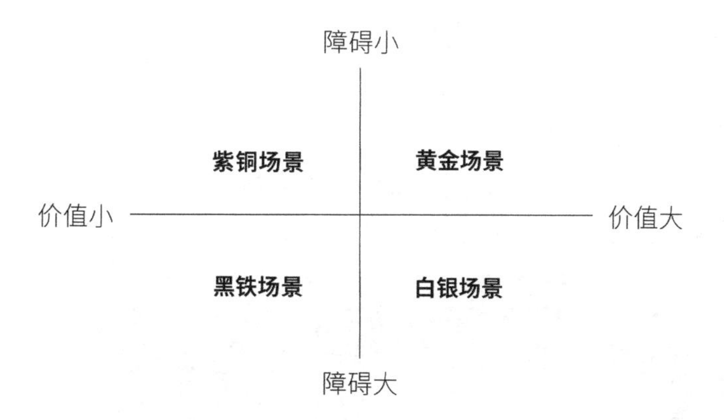

AI 技术—场景的价值—障碍矩阵

这个矩阵根据 AI 技术—场景的价值大小与障碍大小，将场景划分为 4 个区域，具体如下。

（1）价值大、障碍小的区域，显然是商业上的黄金场景，要优先发展。

（2）价值大、障碍大的区域，是一块“硬骨头”，但也有很大价值，属于白银场景。

（3）价值小、障碍小的区域，是价值较小的紫铜场景。当 AI 技术发展到成熟阶段时，黄金场景、白银场景被挖掘殆尽了，紫铜场景也是有价值的。同时，这个场景可能也适合一些初创公司。初创公司将自己的产品定位于紫铜场景，可以避开两个高价值场景的激烈竞争。

（4）价值小、障碍大的区域，是价值最小的黑铁场景。黑铁场景并非一无是处，其在商业上同样有价值。这个场景适合将前 3 个场景中形成的能力做成简单化、标准化的低成本产品来覆盖。虽然其单位价值小，但可以依靠规模来取胜。正如可口可乐，每一瓶的利润可能都非常微薄，但依靠巨大的销量仍然能获得可观的利润。

障碍来自很多方面，如人力成本障碍、数据障碍、法律障碍等。有些障碍比较明显，有些障碍则隐藏得较深，需要高级 AI 产品经理深入挖掘。

12.3.2 AI 技术—场景障碍的例子

1. 面包店的自助结算台

下面用一个我亲身体验过的例子来说明 AI 技术—场景障碍——某公司布置在原麦山丘面包店的自助结算台，如下图所示。

原麦山丘面包店中的 AI 自助结算台，车马拍摄

用户将装有面包的托盘直接放在自助结算台上，机器会自动识别面包的品种和数量，并显示在屏幕上供用户核对。这个环节用到了机器视觉的 AI 技术。自助结算台计算出总价，用户就可以通过支付宝、微信支付等方式结算，结算完毕就可以带着面包离开。整个过程不需要店员介入。我实际体验过，虽然整个过程很流畅，但是我在进一步观察、思考后发现其中隐藏着很多障碍，导致其商业化会遇到很多问题。

第一个障碍比较明显，源于商品特征。原麦山丘面包店的卖点是正宗欧式面包，它比大多数面包房的面包要大。所以，在人工结算台的收银员旁边有专门负责切面包的店员，店员会主动询问“面包需要切吗”。以我本人为例，我都会选择切开。如果使用自助结算台，出于安全考虑不能摆刀让客户自己切。另外，还有装袋问题，操作熟练的店员处理起来又快又好，但客户自己就不一定了。专门配一个店员在旁边服务，要增加人力成本，与当初引进自助结算台的目的就背道而驰了。如果由柜台外店员在上货、清洁之余顺便提供服务，又很难做到及时。店员正在上货，这时一位客户说要切面包，店员就很难处理。而客户的需要如果不能及时得到满足，他就会产生不好的购物感受。这不是 AI 的过失，也很难用 AI 技术来解决，但它是 AI 应用真实存在的障碍。

第二个障碍是一个隐藏的障碍——店员的抵触。原麦山丘面包店的管理不错，店员普遍彬彬有礼，服务周到。但根据我多次购物时的观察，店员几乎没有主动向客户推荐过使用自助结算台，即便人工结算台已经排起了长队，如下图所示。

原麦山丘店内场景，车马拍摄

上图左侧是人工结算台，在我前面已经排了好几位；右侧靠近玻璃门处一个店员的身后就有一个可以正常使用的自助结算台，但很长时间没有人使用。

原来最初该公司在店里演示，并向面包店的高层讲解其好处时，说到自助结算台将来可以取代店员。而这些话被在场的店员听到了，并在店员中传开了。于是，所有店员都对这个设备产生了抵触心理，这就是一个巨大的障碍。这样的设备摆在店铺中并不显眼，如果没有店员的积极推荐和引导，其使用量一定不高。为了观察到其具体使用数据，我曾经在一次购物后在店里坐了两个小时。在这两个小时中，即使人工结算台排起了10人以上的长队，店员也没有向客户推荐过使用自助结算台。其实，只要店员告知客户自助结算台的存在，就会有一定的客户尝试。如果店员再加以引导，就会有更多客户乐于尝试。

因此，从技术、产品上都被看好的自助结算台，其应用效果并不好。如果一直是这样的应用效果，可能不久后自助结算台就会被迫退场。毕竟它要占用宝贵的店铺面积，还要持续耗电。这样，想象中的由结算切入，扩展更多业务的商业模式也就无从谈起了。

目前，在AI行业还有很多这样的障碍真实存在却没有被察觉。这既是高级AI产品经理要面对的问题，又是体现其价值的机会。

2. AI选址服务

对于实体零售业和服务业来说，选址是非常重要的，选址正确就成功了一半。目前，实体店铺更替频繁，每天都有大量的店铺开张，这对应着巨大的选址工作。传统的选址都是公司自己进行的，零售小店靠店主自己考察，连锁公司有专业团队按专业方式来选址。但即便是连锁公司，其选址方式也是很传统的方式。

其实，AI技术可以用在这个场景中，形成一个AI技术—选择场景的有效组合。基本做法是，公司在几个候选地址附近架设多台隐藏摄像头，这些摄像头各有分工，有些拍摄的范围大，有些拍摄的范围小。然后利用图像识别技术，将各摄像头中的全天人流量识别出来，如马路两边各有多少人经过，有多少人从对面马路过来，又有多少人走向对面马路等。拍摄候选地址附近店铺的摄像头，因为拍摄范围小，可以准确识别出有多少人进了哪些店铺，是否买了东西等。

利用 AI 技术，连续采集一周甚至更长时段的数据，绘制成 24 小时流量表。这与以前采用人工方式采集的数据相比，量更大，数据更全、更准确。公司可以将多个候选地址进行全面比较，再由有经验的选址人员结合店铺本身的产品、人群特色，做出选址决策。这样的选址方式明显优于传统选址方式。

目前，大多数的 AI 选址方式就是这样做的，但仔细分析，会发现其也存在一些障碍。

上述做法以现有的 AI 技术就能做到，不需要科学家，只需要工程师将系统搭建出来。拥有这种技术的公司可以将它做成一个服务产品，但不可能很快。因为它有商业上的障碍，而且这个障碍很难突破，我们来分析一下。

小店主买不起，也不愿意花钱购买选址服务产品。虽然数据表明，小店主的选址水平平均低于有专业团队的连锁公司的选址水平，但具体到某个小店主，他对自己是比较自信的，他可能愿意多花点钱把门店装修得好一点，也不愿花钱购买选址服务产品。

那么众多连锁公司呢？他们有专业团队，是能评估选址价值的。而且在业务开展初期公司可以采用传统方式与 AI 方式并行的方式，用实际成果来验证 AI 选址的价值。其实，这种情况也不乐观，连锁公司内部其实也存在很大障碍，主要来自公司决策层和选址团队。

公司决策层其实不在乎是不是使用了 AI 技术，只在乎最终的结果好不好。而问题是使用 AI 方式选址的公司很难非常直观地让公司决策层看到 AI 选址的价值。选址的好坏，其实还要看运营之后的效果，至少在 3~6 个月之后才能做出比较可靠的评估。

更大的障碍来自选址团队。AI 选址的主要价值是在候选地址相关数据的获取方面，它能比人工选址获取更全、更准确的数据。如果规模较大，成本可能更低。

AI在前期数据获取环节几乎取代了人力，而数据获取正是选址团队中大多数人的日常工作，选址团队中只有少数资深人士是最终的综合决策者。如果真的使用AI选址，那选址团队中的多数人就会失去价值，这就触动了他们的根本利益。

听上去还有一线希望，那就是选址团队的资深人士和负责人。AI不会取代他们，反而能让他们把工作做得更好。他们应该会支持吧？有实际商业运作经验的人会知道，他们有很大概率是不会支持的。原因很简单，选址决策涉及很大的利益。如果采用AI选址服务，尽管在最终的综合决策阶段还有操作空间，但在前期的数据获取阶段就很难操作了，这就导致后期的操作空间变小了，从而使其利益受损。

稍加分析，就会发现在这个场景中使用AI技术的障碍真的太大了，从决策层到中层，再到基层都存在阻力。加上AI选址、传统方式选址之间的效果对比做不到立竿见影、高下立判，要发挥其价值需要一定的时间，显然一个创业公司不适合将它作为主攻方向。

12.4 对AI技术—场景商业风险的洞察

12.4.1 技术商业的普遍风险

AI有广阔的发展前景，同时也存在很大的风险。

有人说，金融业就是一个经营风险的行业。其实，哪个行业不是在经营风险呢？只是不同的行业面对的风险不同而已。

技术带来的价值和技术导致的风险是始终相伴的。例如，电始终伴随触电的风险；金融市场的高频交易公司，采用了先进的技术进行交易，确实实现了更高的收益，但也多次因为技术故障，一个系统做了一个行动，触发了其他系统的一连串行动，进而导致整个市场闪崩，让自己蒙受巨额损失。

所以，高级AI产品经理要吸取其中的教训，尤其是在考虑商业化运作时，

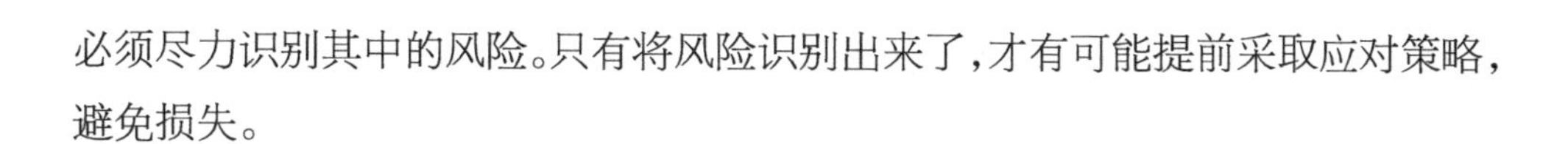
必须尽力识别其中的风险。只有将风险识别出来了，才有可能提前采取应对策略，避免损失。

12.4.2　AI 商业的风险识别

风险管理的第一步是风险识别，就是要知道在什么地方存在什么样的风险；然后在此准确识别的基础上制定应对策略；最后是执行和实施风险管理策略。这个循环会一直进行下去。

我习惯性把 AI 商业风险分为两大类：技术风险和非技术风险。

关于 AI 的技术风险，本书第 2 章已经讲过，在此不再赘述。AI 商业的非技术风险还可以继续细分为多种，包括社会舆论风险、政策风险及竞争性风险等。我们先看其中的社会舆论风险。

我一直认为自动驾驶汽车是 AI 应用中最难的，无论是在技术上还是在商业化上都是最难的。原因之一就是自动驾驶汽车的社会舆论风险非常大，而且单靠企业自身努力是无法解决的。

其实，人类驾驶的汽车一直在出交通事故，有详细的统计数据。也就是说，其实道路上经常发生人类司机致人死亡的交通事故，但通常媒体不会大肆报道，公众也不会特别关注。

但自动驾驶汽车就不同。因为相对人类驾驶，自动驾驶是新事物，媒体、公众会特别关注，即使只发生一起交通事故，都会引起广泛关注。普通民众不会去看准确的数据，即便在所有的关键数据上，如年度万车致死率、百万公里致死率等，自动驾驶汽车都优于人类驾驶，但依然解决不了这个问题。

试想一下这样的情景：因为自动驾驶技术的成熟，政府部门公布了详尽的测试标准，终于允许自动驾驶汽车上路行驶。经过试点，准许的范围越来越大。而且根据监测数据，自动驾驶汽车的事故率一直低于人类驾驶，而且比人类更遵守交通规则。但是，某天发生了一起自动驾驶汽车的交通事故，致人死亡；3 天以后，又发生一起自动驾驶汽车的交通事故；又过了几天，事故再度发生。

如果上路的自动驾驶汽车多了，这种情况出现的概率非常大。而实际情况可能是，第一起事故事发突然，自动驾驶汽车当时面临两难选择，它已经做出了可能做出的损失最小的决策。在这个场景中，如果是人类驾驶，可能会导致更严重的伤亡。第二起事故是人类司机酒后驾驶并且没有系安全带，违章撞向自动驾驶汽车，自动驾驶汽车躲避不及致人死亡。第三起事故是一场高速公路上的连环相撞，自动驾驶汽车只是倒霉的中间车辆——它被后面失控的货车撞击，导致它又撞击了前面的车辆。这一连串撞击导致了货车司机等多人死亡。

从事过企业危机公关的人心里都清楚，公众有时会根据自己的情绪来解读真相。公众解读出来的真相可能是：自动驾驶汽车这个东西太可怕了！说不定哪天就撞到我了！面对这个局面，政府可能在考虑舆情后，做出临时决定——暂缓发放新的自动驾驶汽车上路许可证，对近期涉事车型暂停许可，对涉事车企、技术公司进行调查……

如果我是政府官员，我大体也会做出这样的决策，因为这对政府部门而言是相对较好的决策，但这个风险就被相关的企业承担了。

如果能准确识别风险，就可能采取应对策略，主要体现在以下几个方面。

（1）对场景的风险进行判断，对高风险场景最好予以回避。自动驾驶场景就是一个风险非常高的场景。在风险管理中有一个消极做法——风险回避，简单地说就是不做某件事，避免相应的风险。这个消极的做法有时是相对较好的做法。

（2）产品内部和外部的容错。既然知道机器会犯错，那么我们就要提前考虑产品的容错。容错分为产品内部容错和产品外部容错。

以安防产品为例，对非常重要的场景，在AI技术之外一定要安排适当的人力。这就是一种产品外部容错。

在身份认证中，如果人脸识别的适配度低于某个值（也就是说有较大可能认错），那就启用密码、验证码等其他认证方式。这就是产品内部容错。

另外，还需要采取适当的公关策略，对公众进行持续的风险教育。前几年，整个 AI 行业在公关宣传上做得比较激进，片面宣传 AI 的能力，对 AI 的风险很少提及，这一点必须改变。既然很大一部分风险来自公众的认知，那就从这个根源入手，采取适当的公关策略，事先打好预防针，使公众对 AI 有合理预期。

（3）通过产品创新来解决问题。仍然以自动驾驶为例，上面分析了那么多风险。那对于这些风险我们毫无办法了吗？其实，风险管理还可以通过产品来解决，如平行驾驶解决方案。慧拓智能机器公司提出的平行驾驶系统如下图所示。

慧拓智能机器公司提出的平行驾驶系统

平行驾驶系统由 3 个部分构成：安装在车辆中的自动驾驶系统、平行管控中心和平行应急系统。在需要的时候，可以由管控中心的人来远程接管车辆的驾驶，如下图所示。

平行管控中心和远程接管司机，来自慧拓智能机器公司官网

尽管平行驾驶系统不能解决所有问题，但它确实提高了风险应对能力。

第13章

设计 AI 商业模式

13.1 AI 商业模式

13.1.1 在 AI 商业五要素全局中构建商业模式

设计商业模式，要考虑诸多约束条件。因为技术是个很不确定的因素，所以为技术商业设计商业模式就更加困难。

我们先看一个传统产业商业模式的例子。利乐公司的商业模式非常知名。乳品企业只要付很少甚至不付设备款，就能使用利乐的灌装和包装设备。但这些设备只能使用利乐的包装材料，无法使用其他公司的类似包装材料。这样一来，一份乳品总成本中的 30%~40%是利乐包装的成本。采用利乐纸包装的中国乳品如下图所示。

采用利乐纸包装的中国乳品

这样的商业模式确实让人羡慕，但不好学习，因为这需要强大的资源、优秀的产品和组织能力来配套。乳业巨头做大之后，完全有实力整体更换其他公司更便宜的包装设备和材料，而且市场上有很多供应商。为什么很少有客户这样做？因为该公司提供的包装设备和材料质量确实好，有坏包率、保质期等可验证的数据来证明。该公司在包装上有 5000 余件专利，并且还有大量专利正在研发和申请当中，这就给竞争对手构建了强大的专利壁垒。

这种优秀的商业模式是以优秀的产品为基础的。因此，客户一方面对利乐存在意见，另一方面又离不开它。如果单纯依靠商业模式，利乐可能很快就会被包装同行学习、超越。

AI 行业也是一样，设计商业模式同样要考虑配套的其他因素。如果是实力、规模较弱的公司，可以选取更小、更聚焦的场景，避开过于激烈的竞争，从而在相对安全的领域，依靠商业模式逐渐成长。

设计商业模式是一个动态的过程，上文提到的利乐的商业模式也是逐渐演化出来的。如果是“好产品+好的商业模式”，即便是较小的 AI 技术公司，其成功的机会也会大大增加。

13.1.2 AI 商业模式的层次

AI 商业模式可以划分为 3 个层次，如下图所示。

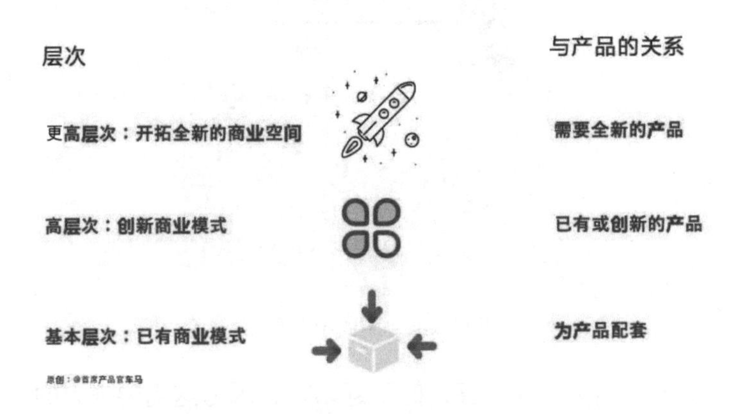

AI 商业模式的层次

基本层次是已有的商业模式，商业模式要做到为产品助力、助推，而不能拖产品后腿。虽然是基本层次，但能做好也是很不容易的。合理的定价、合适的渠道建设、适当的市场推广、良好的运营，每一条要做好都不容易。能做到、做好这个层次就已经可以取得不错的应用成效。

高层次的商业模式是创新商业模式，即用新的方式来运作业务。其往往会带来更强的竞争力，取得更好的商业成果。高级 AI 产品经理要洞察 AI 技术—场景，以便打造产品，并在产品的基础上进行商业模式设计。如果这几步都做到了，就大大提升了成功的可能性。

更高层次的是开创全新的商业空间，就是开创此前从来没有被开发过的商业空间。

13.1.3 产品与商业模式的配合关系

本书第 1 章就提到了 X 技术商业成功的 5 个要素，并且根据目标读者的情况，重点讲了其中的 3 个要素：技术—场景、产品、商业模式。其中，产品与商业模式之间是紧密的配合关系。

（1）产品是商业模式的基础，只有有了产品，相应的商业模式才能运作，否则商业模式就是无本之木。

（2）商业模式是产品的舞台，它为产品提供了发挥价值的空间。如果没有配套的商业模式，产品的价值就可能得不到充分发挥。

（3）产品与商业模式之间存在着强烈的互动关系。企业用产品探索市场、探索客户，加深对技术—场景的理解，而这种理解可以反推商业模式。反之，商业模式可以决定产品，有什么样的商业模式就需要相应的配套产品。实战中取得重大商业成功的商业模式几乎都不是一蹴而就的，而是经过了反复探索、迭代、多次进化而来的。在商业模式迭代、进化的同时，产品也产生了相应的迭代、进化，以便和商业模式更好适配。

我们来比较一下 AI 芯片领域两个重要的企业——NVIDIA 和 Google 的产品与商业模式之间的关系。

NVIDIA 的 GPU 是当前重要的 AI 芯片，占有较大的市场份额。它的主力产品就是 GPU 及 GPU 卡。它的商业模式比较传统（但并不代表不好），将 GPU 卖给企业用户，一次性收取费用。企业用户买到 GPU 之后，需要自己放置在数据中心，自己负担运行费用（GPU 耗电很大）。在这种模式下，NVIDIA 的现金流很好，将产品卖出时就将费用收完。这种商业模式使 NVIDIA 长期将提高计算性能作为重点工作，并取得较大进展。相反，降低单位功耗并没有得到足够重视，所以在这方面进展不大。因为将产品卖出后，产品运行期间的电费是企业客户自己支付的，所以 NVIDIA 便不那么重视。这就是一个商业模式影响产品的例子。

再看一个后来的 AI 芯片竞争者——Google。Google 在 2016 年发布了加速深度学习的 TPU 芯片，并且之后升级为 TPU 2.0 和 TPU 3.0。

Google 的商业模式与 NVIDIA 不同，它并不对外销售 TPU 芯片，而是通过“TensorFlow 平台+TPU”的服务模式，只租不卖，按服务时长收费。Google 的 TPU 如下图所示。

Google 的 TPU

这种商业模式降低了用户的首次使用成本，可能会吸引更多用户；同时因为在云端使用，使用门槛降低，用户就不用考虑场地、能耗等问题；另外，这种商业模式可以增强 Google 在整个 AI 市场的竞争力。

用户发现根本不需要一次性花费太多钱去购置算力，只需要在使用的时候支付一些费用即可。如果有很多用户养成这样的习惯，即便其他公司推出的 AI 芯片性能更强、能耗更低、价格更低，也难以从 Google 手中抢走客户。Google 在竞争中获取优势的可能性就更大了。

前文已经讲过，商业模式会影响产品。众所周知，NVIDIA 的 GPU 功耗很高，但 Google 的 TPU 功耗就低得多。因为在 Google 的云端算力商业模式中，TPU 运行的电力消耗是由 Google 负担的，而低功耗就意味着低成本，这有利于 Google 实现高利润。

13.1.4 商业模式优先于产品

零售行业一直是人工智能的重点进入行业，除了无人零售店，AI 售货机也是一个热点。与传统的自动售货机不同，AI 售货机采用了先进的 AI 技术，主要是通过外部的摄像头进行人脸识别，通过售货机内部的摄像头进行商品识别，还有可能结合重力感应等其他技术。AI 售货机外观及特写如下图所示。

左侧是 AI 售货机的外观，右侧是内部一层货架的特写，车马拍摄

从内部货架的特写可以看出，每层货架顶部都有一个摄像头。通过摄像头对用户购买前后识别结果的对比，判断用户拿取的品种和数量。

尽管产品的用户体验不错，但自动售货机并不是人工智能合适的场景，至少在近期是如此。问题主要出在商业模式上。

在自动售货场景中，占据较大份额的是移动支付自动售货机。用户通过这种售货机选择商品时，不能自己打开柜门，而是通过屏幕选取商品，然后通过手机进行支付。支付成功后，商品通过货道落下，用户将商品取出。自动售货机的商业模式之所以成立，广告起到了关键作用。在这个行业中，规模较大的公司是友宝公司。根据该公司的财报，销售商品获得的毛利不足以支撑运营成本，依靠自动售货机的广告收入才实现了整体盈利。这和日本等国家的自动售货机的商业模式有很大区别，这也是由我国的商业环境决定的，很难改变。地铁中屏幕上正在播放广告的自动售货机如下图所示。

地铁中屏幕上正在播放广告的自动售货机，车马拍摄

友宝公司的自动售货机有很大的屏幕，而且屏幕设置在与人视线基本齐平的位置。没有用户操作时，自动售货机上的屏幕就会播放广告。有用户要购买商品时，只要触摸屏幕，自动售货机就会暂停播放广告，显示购物界面。另外，支付界面也会有广告。也就是说用户在购物前后的两段时间内都会看到广告，因此自动售货机的广告价值是很大的。

反之，AI 售货机主打的是更加便利，一个注册用户只要走近售货机，售货机很快就能通过人脸识别将用户识别出来并将门解锁。用户直接拉开柜门，取出需要的商品再关门即可。售货机通过摄像头对用户购买前后识别结果的对比识别出用户拿走的商品，通过事先绑定的方式自动扣费。即便 AI 售货机也有屏幕在播放广告，但在整个过程中用户接触广告的机会大幅减少，因此其广告价值会大打折扣，收入也会大幅减少。这样，AI 售货机又怎么与自动售货机竞争呢？

13.2 AI 工业质检的商业模式设计

工业质检属于价值—障碍矩阵中的黄金区域，价值大、障碍小，也是 AI 行业普遍看好的一个领域，目前已经有些 AI 产品在一些企业成功落地应用，正在向更多客户推广。也就是说产品已经落地应用了，应该开始设计相应的商业模式了。

13.2.1 AI 工业质检中的商业特点和商业机会

商业模式不是纸面游戏，它要构建在商业环境之上，而商业特点、商业机会则为商业模式的设计提供了条件。要设计好的商业模式，就要充分理解商业特点和商业机会。AI 工业质检中存在一些问题，我们以其中一个为例——需要一次性支付大笔费用。

当前的 AI 工业质检几乎都是采用“云+端”模式。云有私有云、公有云两种方式，都需要进行大量投入来构建云端算力；端就是要在生产现场布设检测设备。云与端通过网络实现互联，协同完成质检工作。下图是手机盖板 AI 检测系统 T3400，它是一种端设备。

手机盖板 AI 检测系统 T3400，来自图麟科技官网

云与端几乎都是需要全新购置的，初始费用很高。企业客户采用 AI 质检方案，通常要一次性支付大笔费用。如果是信誉优良的大企业，或许可以通过分次付费或者引入融资租赁方式，但大量的中小型企业显然很难获得这个条件采取

这种方式。

一次性支付大笔费用就成了产品销售的障碍。分次付费或者持续按需付费是一种很好的方式，但采用这种方式会对供应商产生很大风险。

13.2.2 AI工业质检商业模式——按月、按量付费

虽然现在AI技术用于工业质检已经比较成熟（至少在某些产品中），而且有数据来佐证，但仍然只有少数大企业在使用，业务规模远远达不到预期。依靠原有的做项目、卖设备的商业模式是无法从根本上解决问题的，AI工业质检需要新的商业模式。

绝大多数工业设备在运行时是脱离供应商控制的，但AI工业质检设备不是。它的智能主要来自供应商掌控的云端，而且能力的升级也要依赖云端。供应商有了这个掌控力，分次付费的风险就会大大降低。如果用户不按时付费就无法正常使用，更无法转卖给他人。这就为新模式的启用创造了机会。对于AI工业质检设备，比较适合的模式是按月、按量付费模式，也可以形象地将其称为“给机器人发工资”。

在这种模式下，企业客户首次支付的费用明显减少，以后按月支付费用。传统模式相当于购买设备，新模式相当于购买生产力，这是两种模式间的根本区别。这个模式相比传统模式有什么好处呢?

（1）适合企业客户的习惯，容易被客户接受。

以前，企业客户通过质检工人进行工业质检，要按月给质检工人发工资。这是企业习惯的方式。现在使用了AI工业质检设备进行质检，企业客户还可以保持原有的习惯，按月“发工资”——给AI工业质检设备“发工资”。

（2）改变客户的决策性质，更容易实施。

在这种新模式下，虽然供应商利润滞后、存在商业风险，且需大量融资，但这种模式却给企业客户的机械换人提供了便利。企业客户为质检购置设备，在传

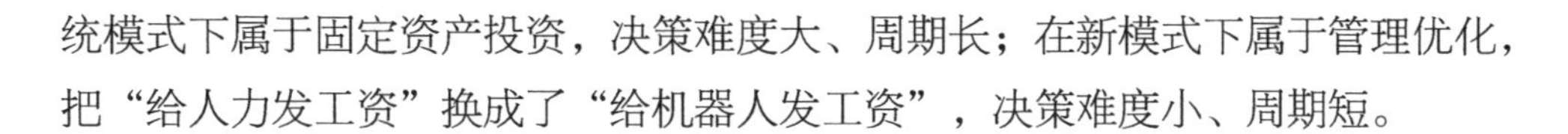

统模式下属于固定资产投资，决策难度大、周期长；在新模式下属于管理优化，把“给人力发工资”换成了“给机器人发工资”，决策难度小、周期短。

（3）按月、按量付费非常灵活，充分考虑了企业客户的利益。

客户使用量大，就多付费；使用量少可以少付费。而传统的一次性付费模式无法做到这一点。

13.2.3　AI 工业质检模式的升级

1．AI 工业质检模式的升级之一——质检外包服务

上述模式适应了企业客户的特点、充分考虑了客户的利益，对开拓市场非常有利，这个模式无疑是有价值的。但我们也要看到这个模式产生的新的问题——对 AI 工业质检服务商的现金流不利，在传统模式下服务商可以一次性收到大笔资金，但在新模式下只能一点点收回资金。

针对模式本身的缺陷，我们依然可以通过改进模式来解决，或者同时采用多种模式。

除前面提到的一次性支付大笔费用和后续按月、按需付费方式之外，还有一种新方式——企业用户不需要采购设备，而是直接采购 AI 质检服务，按检测量付费。AI 工业质检服务商将 AI 质检服务外包出去，负责提供设备及维护设备，甚至配套少量人力。

在这种模式中，只要 AI 工业质检服务的检测效果好、成本低，就可以快速开拓市场。这种商业模式还可以构建很高的商业壁垒，因为客户一旦习惯这种付费方式，就很难接受一次性支付大笔费用的方式。实体设备、积累的云端智慧都是客户的迁移门槛，一旦客户习惯于某公司的服务并对其服务感到满意，便不会轻易改变。其他看好这个领域的公司也很难从其手中抢走客户资源。

2．商业模式的升级之二——基于质检数据的金融化

AI 工业质检服务商采用了新的商业模式，也就有了稳定的现金流，这就是金

融化的基础。美国华尔街流传着一句话“如果有稳定的现金流，就可以将它证券化。”当 AI 工业质检服务商稳定的现金流达到一定规模时，就可以通过证券化方式向金融机构融资，从而支持其业务发展。

这些业务量是可以用数据证明的，而且金融机构可以即时审计。金融机构控制了风险，就会降低利率。这样公司就不必过度依赖 VC、PE（私募股权投资）、IPO（首次公开募股）方式来融资，可以直接从传统金融机构获取大额、低成本资金，满足公司发展的需求。

金融化的另一个方式是为企业客户提供金融增信。企业客户同样有金融需求，传统金融机构对企业客户发放贷款主要考虑的是其抵押资产，因为金融机构并不了解企业客户的真实生产和经营状况。AI 工业质检系统实际上也是一个生产状态监测系统。这样，金融机构就对企业客户的生产情况有了非常直接的了解，而且非常容易远程获取信息（当然要经过客户允许），这相当于为企业客户提供金融增信。提供了这种重要的辅助信息，AI 工业质检服务商可以向金融机构直接收费，或者向企业客户收费。而其司这样做几乎没有增加成本，只是开放了接口，让金融机构实时获取检测数据，从而推断企业客户生产经营的实际困难。

这种模式和支付宝的芝麻信用分的作用道理相同。支付宝的用户都有一个芝麻信用分，与支付宝合作的机构（趣店就曾经合作过）可根据信用分做出很多决定，如决定是否发放小额贷款及贷款额度，是否可以免押金租用产品等，便于合作机构在控制风险的前提下，更好地开展业务。实践证明，这种明显有别于传统金融机构的风控手段，成本低、效率高，适用于很多场景。

上述商业模式并不是我的凭空想象，实际上已经部分得到了实战验证，如已经有工业客户在采用按月付费的方式使用 AI 工业质检服务。

13.3 医疗影像 AI 的商业模式设计

医疗领域是价值—障碍矩阵中的白银区域，也就是说这个领域的价值大，但障碍也大。正是诸多有形、无形的障碍导致 AI 在这个被寄予厚望的应用领域中，进展并不顺利。这个领域在呼唤好产品，也在呼唤商业模式的创新。要想为这个领域设计商业模式需要先了解一下这个领域的状况。

13.3.1　医疗行业概要和 AI 应用现状

当前的疾病诊断过程可以分为 5 个步骤：

（1）临床医生收集症状、病史；

（2）临床医生对患者进行体征检查；

（3）针对可能的疾病谱进行相应辅助检查（影像、生化、微生物、免疫等）；

（4）对检查结果进行分析判断，进行排除，取得最大可能的临床诊断（拟诊讨论）；

（5）取得病理组织样本，进行病理检查，确诊。

AI 技术是不能改变这个步骤的，它能做的就是融入这 5 个步骤，尽量发挥作用，体现自己的价值。

当前，在医院运营的全流程——诊前、就诊、检测诊断、治疗和康复、医院管理等方面，AI 技术公司都有介入。其中，医疗影像辅助诊断领域的 AI 技术公司数量最多，因此该领域的竞争非常激烈。

目前，医疗影像 AI 技术公司大体可以划分为 4 类。

第一类是 AI 技术公司，目前主要是采取和医院进行合作研究的方式，如依图科技、图玛深维、汇医慧影、深睿医疗、推想科技等。

第二类是医疗影像硬件厂商，通过和外界团队合作的方式全方位切入。例如，万东医疗旗下的万里云通过与美联健康、阿里健康等巨头合作，以 SaaS 服务的模式向患者、医院、医生提供全方位影像服务，包括影像云端存储、诊断、分享、质控、培训和大数据服务等。

第三类是互联网大公司。2017 年，阿里巴巴、腾讯等互联网大公司相继发布医疗人工智能相关的产品或是通过投资参与其中。他们在影响力、流量、技术、资金等方面有着较大的综合优势。例如，2017 年 11 月，中华人民共和国科学技术部宣布将依托腾讯公司建设医疗影像和国家新一代人工智能开放创新平台。

第四类是影像设备公司。美国通用电气公司、荷兰飞利浦公司、德国西门子公司三巨头占据了我国中高端医疗影像设备大部分的市场份额。他们携品牌、技术、客户优势进入 AI 医疗影像领域。

为了讲解得更清楚，我们将眼光从整个医疗行业聚焦到医疗影像辅助诊断场景，看看这个场景中存在的问题和对应的商业模式设计。

13.3.2 医疗影像 AI 应用的现状

由于竞争者众多，医院处于明显的强势地位。有些知名医院的影像科中有十几家公司的 AI 系统，并且无一例外都是免费使用的。从使用效果看，这些挤进了医院影像科的 AI 系统存在不少问题。

1. 敏感度高、特异度低，作用有限

要理解问题，我们有必要先来了解一下医疗诊断中的两个指标：敏感度和特异度。

简单地说，敏感度高则少漏诊，特异度高则少误报。

据使用过肺部影像 AI 系统的医生反映，当前的 AI 系统敏感度高但特异度低。敏感度高，就是它能发现很多结节，包括容易被医生漏掉的小结节，这是有价值的；特异度低，就是它并不能判断出发现的结节是良性的还是恶性的。而判断良性还是恶性恰恰是影像科医生的重要工作。所以，刚开始使用 AI 系统时，医生往往吓一跳。因为 AI 系统检测出很多结节，但仔细观察，会发现很大一部分是良性的小结节。

如果了解 AI 技术的特点和边界，我们就知道这种情况并不奇怪。敏感度高

是机器的优势，机器可以不知疲倦、无一遗漏地扫描每一个像素，发现每一个结节。在这方面，机器比人有优势，因为人会有遗漏，疲劳时会有更多遗漏。但在判断结节性质方面，机器就远远不如人有优势。影像科医生能判断出结节的性质依靠的是长期工作的积累，有些具体的道理连他自己也难以表述清楚。前面我们已经讲过，当前的人工“智能”其实没有智能。要想让影像 AI 系统判断结节性质的能力达到影像科医生的平均水平，就必须对它进行大样本的监督学习。影像科医生要给机器标注出哪个结节是良性的，哪个结节是恶性的。而且少量的标注还达不到目的，需要大量、高质量的标注。另外，实际环境要更加复杂。因为医疗影像来自具体的影像设备，同一种类的设备来自不同的厂家，其型号也有所不同，这就导致同一个病人通过不同设备获取的影像有较大差异。训练时就需要考虑到这些问题。如果我们用主要来自 GE 的新设备进行训练，系统就可能出现过拟合——对 GE 的新设备获取的影像识别得很准，但对 PHILIPS 的设备获取的影像识别就出现了很大偏差。大多数 AI 系统在训练上做得不够，在特异度方面表现不佳也就不足为奇了。

目前，众多进入医院影像科的 AI 系统，实际上只是一个初级读片者，甚至只是初级读片者的助手。其只是在初读环节发挥了辅助作用，未来几年之内都不可能取代影像医生。

2．同质化严重

一方面，适应病种同质化严重。多数医疗影像 AI 技术公司针对的病种单一，且都聚焦于肺结节的医疗影像智能分析。一是由于我国是肺癌大国，肺部影像数据量充足；二是由于全球针对肺结节识别的研究较为成熟。

另一方面，产品功能的同质化严重。尽管各家公司的 AI 系统针对同一个病种的具体指标略有不同，但实际使用效果差别很小。这也导致各家公司的 AI 系统很容易被同行取代，在这种情况下向医院收费几乎是不可能的。

医院影像科使用 AI 影像辅助诊断产品的情形如下图所示。

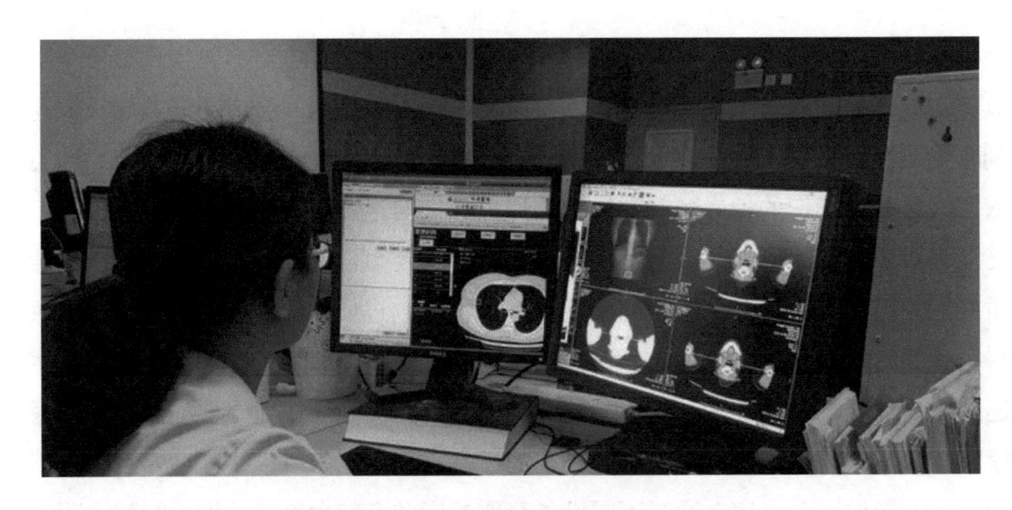

医院影像科使用 AI 影像辅助诊断产品的情形

13.3.3 设计医疗影像 AI 产品的商业模式

通过上述简单介绍，我们能够看出，医疗影像 AI 产品普遍还不成熟，还有很大的改进空间。那么此时开始设计商业模式，是不是过早了呢？其实不然。

一方面，产品的进步是渐进的，我们不可能等着产品进步；另一方面，产品与商业模式是可以互相助力的，有些产品上的问题可以通过商业模式来解决，甚至必须通过商业模式来解决。所以，一方面要尽力完善产品，另一方面也要及早设计商业模式。

设计医疗影像 AI 产品的商业模式包含以下几个关键点。

（1）和顶尖医院的顶尖医生长期、紧密合作，逐病种培育医疗影像 AI 产品。

（2）将培育出来的有数据证明的医疗影像 AI 产品用于广大的基层医院，并向基层医院、二级医院收费。

（3）除了软件方式，还可以通过创新设备、整合 AI 技术的方式，为广大基层医院提供快速可用的能力。基层医院、二级医院的工作人员只需要负责基本的操作，医疗专业由系统负责。

（4）抓住医疗影像从胶片到数字化的机会，将医疗影像云和医疗影像 AI 技术整合，提供给广大的基层医院、二级医院。

（5）引入金融机制。为基层医院提供一次性付款方式以外的租赁方式，降低门槛。

鼓励医生进行数据标注、数据跟踪，这样的做法还涉及商业上的考虑。例如，眼科疾病的诊断，如果是来自知名眼科医院的专家进行数据标注，就具备很强的说服力，也更容易被其他医院和患者接受。

向三甲医院收费是之前大多数医疗 AI 技术公司存在的问题。三甲医院长期处于优势地位，很难接受新的付费项目。医疗 AI 技术公司设计商业模式，应将三甲医院真正变成商业上的合作伙伴。这种关系一旦形成，就会产生较强的排他性。而且这种模式真正利用了三甲医院的优势地位，高成本培养，低成本复用，使三甲医院的医生不再有抵触情绪。

向基层医院、二级医院收费，是因为他们的需求可以用 AI 技术来解决。就在医疗 AI 技术公司扎堆进入三甲医院的同时，有些公司已经将眼光放到了基层医院上。2019 年，推想科技深入县域医院，助力河北省某医院“肺结节智能（AI）联合早筛中心”的成立，这也是河北省首个引进 AI 人工智能技术辅助肺结节筛查项目。

这样的基层医院看上去影响力不大，但试想全国有多少个基层医院，覆盖了多少患者？一个基层医院如果运作成功，向其他医院推广的难度就会大大降低；但一个三甲医院的试点成功并不会对其他三甲医院产生很大影响，向其他三甲医院推广的难度依旧很大。三甲医院只能各个突破，而基层医院则有可能批量推广。

当前，我国医疗影像正在从胶片逐渐向数字化过渡。大型医院已经先行一步，一般都有了影像归档与通信系统，其可以将产生的各种海量医学影像（包括核磁、CT、超声、各种 X 光机、红外仪、显微仪等设备产生的图像）通过各种接口（模拟、DICOM、网络）以数字化的形式保存起来。经过授权的使用者可以方便地调用。受益于国家分级诊疗、区域医疗联合体等政策，第三方独立影像中心遍地开花。除了一脉阳光、东软等早些就较为知名的独立医学影像诊断中心，还出现了联影医疗这样的第三方影像中心。

这个领域属于医疗信息化，而不属于AI。但AI企业完全可以跳出AI，采用自研、合作的方式将两者结合起来，更好地获取客户。而且这是一个阶段性的机会，一旦大多数医院完成了医疗影像的数字化，这个机会窗口可能就错过了。

13.4 智能音箱的商业模式设计

13.4.1 智能音箱商业模式的现状

智能音箱场景是一个一直被看好的场景，无论是在国内还是在国外都巨头云集。据Canalys的智能音箱市场数据显示，2019年第一季度我国智能音箱销量达1060万台，同比增长近500%。我国智能音箱的销量占据全球智能音箱总销量的51%。

为什么我国的智能音箱销量呈爆发性增长？主要原因就是巨头的强推。我国智能音箱出货量较大的三个巨头：阿里巴巴、百度、小米，以保本甚至亏损的方式推广产品。除了三大巨头，云知声、出门问问等AI技术公司也都有自己的智能音箱。但面对三大巨头的全面优势，其他公司要想在这个市场中获得成功，难度非常大。

阿里巴巴凭借着其强大的电商渠道和低价策略，率先杀出重围，奠定了其领先地位。

阿里巴巴第一款智能音箱天猫精灵X1于2017年7月5日发布，售价499元。这已经是当时智能音箱产品的最低价，但销量平平。在当年的“双11”期间，天猫精灵将499元的价格降到99元，只“双11”当天就卖出一百万台，成为我国第一个销量过百万的智能音箱厂商。此前我国销量最大的智能音箱3年的总销量才 30 万台左右。

百度、小米采用了类似的策略，也快速打开了市场。2018 年 6 月，百度发布了一款补贴后售价仅为 89 元的小度智能音箱，发售 90 秒便售出了 1 万台。据互联网数据中心统计，2018 年第三季，度小度系列智能音箱市场份额迅速从第二季度的 7%上升到了 24%。这样低价格的智能音箱，大多数人都愿意买一个来把玩一下，其中就有很多用户会长期使用。其他品牌的智能音箱要想争夺这群用户，除非其能提供更优质的产品，而这非常难，尤其是在价格如此低的情况下。

2019 年 8 月，小度音箱 Play 青春版发售，新颖的设计加上较低的价格令我毫不犹豫地买了一台。小度音箱 Play 青春版的款式如下图所示。

小度音箱 Play 青春版的款式，来自小度商城官网

2015 年，京东的叮咚智能音箱就在布局，也曾占超过 60% 的市场份额。但在阿里巴巴、百度、小米的进攻下，京东的智能音箱很快被挤到市场边沿。

目前，智能音箱的商业模式大致分为两类。

（1）用户支付一次性购买音箱的费用，以后免费使用。

（2）以 Amazon Alexa 为代表，其开始授权其他家电厂家使用 Alexa 服务，通过智能音箱控制家电。在初始阶段，Amazon 可以为了培养客户，不向合作家电企业收费，但到了一定阶段完全可以收费。

目前，智能音箱提供的服务还比较初级，也很难和人进行长时间的对话，而且这还是在对话者没有有意刁难的情况下。技术专家们一直在改进，产品人、商业人显然不能等技术成熟了才去做事。优秀的产品人、商业人就是要在当前的技术条件下开始进行探索。

13.4.2 智能音箱的创新商业模式设计——广告

在此，我们要探讨的是可持续的商业模式。

作为用户，我很讨厌广告。但不得不承认，广告支撑了互联网行业的半壁江山。如果处理得当，是可以做到双赢的。以 Google 为例，上亿的用户在 Google 上搜索自己需要的内容，并快速获得自己需要的内容——一个网站、一篇论文、一张图片、一个视频……这一切都是免费的，好像非常自然。但为了能做到这一点，Google 公司要在全世界建立很多的数据中心，购置大量的服务器，还要雇用大量的员工持续不断地改进产品。这都需要巨额的花费，而这些花费的主要来源就是广告。想进行推广的企业客户向 Google 付费，使 Google 能完全支付巨额的花费，从而使用户能持续地免费获得服务。Google 将平衡工作做得非常好，它把自然搜索结果和广告分区域展示，而且将自然搜索结果放在更优先的位置。作为用户，如果你不想看到广告，你完全可以忽略广告区域。Google 让这种低打扰成为现实。

同理，我国现在主流的智能音箱越来越便宜、质量也越来越好，用户一次性支付的费用是不可能让公司盈利的。因此，广告显然是智能音箱供应商必须要考虑的内容。参照 Google 的商业模式，智能音箱的广告又有了全新的场景，需要创新商业模式。我的思路是低打扰的广告赞助模式。

用户经常通过智能音箱点播音频内容。现在，版权环境越来越好，用户已经逐渐能够接受为优质内容付费。例如，我说“播放王力宏的《龙的传人》”，如果其在合作音乐源是免费内容，智能音箱就可以直接播放。如果我说“播放王力宏的《XXXX 的事》”，这首歌在音乐源是受限的内容，需要单独购买或者开通会员。这时就可以启动语音赞助广告，如“XXX 酸奶为您播放付费内容——王力宏的《XXXX 的事》”，然后直接播放。这就是一种低打扰的广告赞助模式。在这种广告模式中，XXX 酸奶企业是需要为其广告付费的。

这种模式类似搜索引擎的赞助广告，不占用太长时间，只是品牌露出，最多有一句一两秒的广告。用户也比较容易接受这种模式，这样点播的内容就不需要自己付费了。

例如，“播放郭德纲的相声”，无广告；“播放郭德纲最新的相声段子”，这种场景就可能需要使用赞助广告。

在当前的互联网版权环境中，使用这种广告模式的时机已经成熟。这种广告支持的免费模式是天然适合海量用户的模式。智能音箱的保有量越来越多，已经具备了这个基础。

和互联网界面的广告一样，智能音箱也可以结合用户标签进行精准广告推送。这样可以在同样的播放次数中，提升广告的总价值。

13.4.3　智能音箱的创新商业模式设计——电商

智能音箱的电商模式也是一个全新的挑战，它适用的商品一定大大少于电商。我们无法想象通过语音购买一件衣服。例如，“我要一件 POLO 衫”，然后智能音箱给我列出 7 个品牌的各种款式供我选择。

但很多商品是适合用智能音箱来购买的，尤其是重复购买的商品——你已经对商品有了充分的了解。正如拼多多上的商品比天猫的商品要少很多，但它依然是一个快速发展的大公司，原因是它开拓了新场景、新用户。例如，一位家庭主妇可以在收拾房间时，一边收拾一边发现需要购买的东西，同时把购物需求告诉智能音箱：

“买两瓶蓝月亮洗手液，买一大包湿厕纸，再来一瓶衣领净。”

智能音箱将直接下单并且完成支付。如果没有智能音箱，家庭主妇要用心记住需要买的东西，收拾完之后再打开手机或电脑去下单，这时可能有些东西已经忘记了，需要重新回忆再去购买。

除了经常购买的商品，容易描述的服务类商品也适合用智能音箱来购买。例如，“后天在深圳有活动，给我订票”。

智能音箱会给出几个选项，“今天晚上 8 点，XX 航班，到了酒店直接睡觉”或者“明天下午 3 点，XXX 航班，晚上可以先放松一下”。

然后你就可以选择订票了。这样，智能音箱可能会成为较重要的机票销售渠道。如果说在互联网环境中，航空公司还可以通过官网、App 直销方式掌控一部分用户，那么在智能语音环境中，航空公司可能会沦为一个标品。当然，智能语音市场的门槛比互联网高得多。如果航空公司要推出自己的智能音箱，可以先不考虑成本问题，但要先考虑用户的接受程度。用户可以接受在手机中多安装一个 App，但可能并不乐意在家里多放一个音箱。

13.4.4 智能音箱的创新商业模式设计——优质内容付费

“凯叔讲故事”抓住了父母讲睡前故事这个场景，通过专门打造的优质付费内容来满足场景需求，挖掘出了新的商业价值。

同理，智能音箱完全可以借鉴这种模式，如推出“爸爸讲故事”。由专业人员创作故事内容，将每个爸爸的声音采样，用爸爸的音色、习惯用语将故事讲给孩子们听。

但是，最好不要在睡前故事中给孩子们播放广告，可以采取直接收费的方式。996 工作制的爸爸和在外出差的爸爸应该会乐意购买这种服务。

后　记

关于人工智能的书已经非常多了。这些书大多数属于以下两类：

（1）人工智能的科普书、通识书，主要是向公众普及人工智能的知识，研究人工智能对人类社会的影响；

（2）人工智能的专业技术书，主要是向专业技术人员深入讲解人工智能的技术、工程细节。

而从商业应用角度讲人工智能的书还很少。随着人工智能的快速发展，人们从产品、商业模式的角度理解人工智能的需求越来越强烈，尤其是产品经理的需求。而产品、商业模式又正是我擅长的，于是我写了这本书。

本书拥有坚实的素材基础，既有 AI 业界的前沿探索，又有我的咨询客户的实战案例，还有我本人的切身体验。以这些素材为基础，我总结、提炼出了关于 AI 产品、AI 商业模式及 AI 产品经理的原创理论、模型和方法，希望能给产品经理提供切实的帮助。

如果本书能对 AI 产品、AI 商业模式的创新起到一定作用，能对产品经理在人工智能时代的能力体系构建及职业发展提供一定帮助，作为一个用理论武装头脑的实战家，我就非常满足了。

反侵权盗版声明

举报电话：（010）88254396；（010）88258888
传　　真：（010）88254397
E-mail：　dbqq@phei.com.cn
通信地址：北京市万寿路 173 信箱
　　　　　电子工业出版社总编办公室
邮　　编：100036